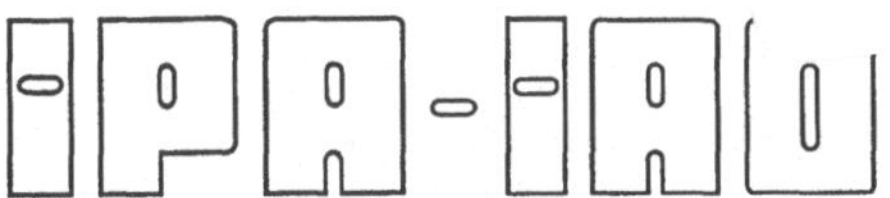

Forschung und Praxis

Band 266

Berichte aus dem
Fraunhofer-Institut für Produktionstechnik
und Automatisierung (IPA), Stuttgart,
Fraunhofer-Institut für Arbeitswirtschaft
und Organisation (IAO), Stuttgart,
Institut für Industrielle Fertigung und
Fabrikbetrieb der Universität Stuttgart und
Institut für Arbeitswissenschaft und
Technologiemanagement, Universität Stuttgart

Herausgeber: H. J. Warnecke, E. Westkämper
und H.-J. Bullinger

Springer-Verlag Berlin Heidelberg GmbH

Gerald Vögele

Mit Industrierobotern flexibel automatisierte Montage von Türabdichtungen für Kraftfahrzeuge

Mit 50 Abbildungen

Springer

Dr.-Ing. Gerald Vögele
Fraunhofer-Institut für Produktionstechnik und Automatisierung (IPA), Stuttgart

Prof. Dr.-Ing. Dr. h. c. mult. H. J. Warnecke
o. Professor an der Universität Stuttgart
Präsident der Fraunhofer-Gesellschaft, München

Prof. Dr.-Ing. Dr. h. c. E. Westkämper
o. Professor an der Universität Stuttgart
Fraunhofer-Institut für Produktionstechnik und Automatisierung (IPA), Stuttgart

Prof. Dr.-Ing. habil. Prof. e. h. Dr. h. c. H.-J. Bullinger
o. Professor an der Universität Stuttgart
Fraunhofer-Institut für Arbeitswirtschaft und Organisation (IAO), Stuttgart

D 93

ISBN 978-3-540-64512-2   ISBN 978-3-662-08785-5 (eBook)
DOI 10.1007/978-3-662-08785-5

Gesamtherstellung: Copydruck GmbH, Heimsheim
SPIN 10680022   62/3020—5 4 3 2 1 0

Geleitwort der Herausgeber

Über den Erfolg und das Bestehen von Unternehmen in einer marktwirtschaftlichen Ordnung entscheidet letztendlich der Absatzmarkt. Das bedeutet, möglichst frühzeitig absatzmarktorientierte Anforderungen sowie deren Veränderungen zu erkennen und darauf zu reagieren.

Neue Technologien und Werkstoffe ermöglichen neue Produkte und eröffnen neue Märkte. Die neuen Produktions- und Informationstechnologien verwandeln signifikant und nachhaltig unsere industrielle Arbeitswelt. Politische und gesellschaftliche Veränderungen signalisieren und begleiten dabei einen Wertewandel, der auch in unseren Industriebetrieben deutlichen Niederschlag findet.

Die Aufgaben des Produktionsmanagements sind vielfältiger und anspruchsvoller geworden. Die Integration des europäischen Marktes, die Globalisierung vieler Industrien, die zunehmende Innovationsgeschwindigkeit, die Entwicklung zur Freizeitgesellschaft und die übergreifenden ökologischen und sozialen Probleme, zu deren Lösung die Wirtschaft ihren Beitrag leisten muß, erfordern von den Führungskräften erweiterte Perspektiven und Antworten, die über den Fokus traditionellen Produktionsmanagements deutlich hinausgehen.

Neue Formen der Arbeitsorganisation im indirekten und direkten Bereich sind heute schon feste Bestandteile innovativer Unternehmen. Die Entkopplung der Arbeitszeit von der Betriebszeit, integrierte Planungsansätze sowie der Aufbau dezentraler Strukturen sind nur einige der Konzepte, welche die aktuellen Entwicklungsrichtungen kennzeichnen. Erfreulich ist der Trend, immer mehr den Menschen in den Mittelpunkt der Arbeitsgestaltung zu stellen - die traditionell eher technokratisch akzentuierten Ansätze weichen einer stärkeren Human- und Organisationsorientierung. Qualifizierungsprogramme, Training und andere Formen der Mitarbeiterentwicklung gewinnen als Differenzierungsmerkmal und als Zukunftsinvestition in *Human Resources* an strategischer Bedeutung.

Von wissenschaftlicher Seite muß dieses Bemühen durch die Entwicklung von Methoden und Vorgehensweisen zur systematischen Analyse und Verbesserung des Systems Produktionsbetrieb einschließlich der erforderlichen Dienstleistungsfunktionen unterstützt werden. Die Ingenieure sind hier gefordert, in enger Zusammenarbeit mit anderen Disziplinen, z. B. der Informatik, der Wirtschaftswissenschaften und der Arbeitswissenschaft, Lösungen zu erarbeiten, die den veränderten Randbedingungen Rechnung tragen.

Die von den Herausgebern langjährig geleiteten Institute, das

- Institut für Industrielle Fertigung und Fabrikbetrieb der Universität Stuttgart (IFF),

- Institut für Arbeitswissenschaft und Technologiemanagement (IAT),

- Fraunhofer-Institut für Produktionstechnik und Automatisierung (IPA),

- Fraunhofer-Institut für Arbeitswirtschaft und Organisation (IAO) arbeiten in grundlegender und angewandter Forschung intensiv an den oben aufgezeigten Entwicklungen mit. Die Ausstattung der Labors und die Qualifikation der Mitarbeiter haben bereits in der Vergangenheit zu Forschungsergebnissen geführt, die für die Praxis von großem Wert waren. Zur Umsetzung gewonnener Erkenntnisse wird die Schriftenreihe „IPA-IAO - Forschung und Praxis" herausgegeben. Der vorliegende Band setzt diese Reihe fort. Eine Übersicht über bisher erschienene Titel wird am Schluß dieses Buches gegeben.

Dem Verfasser sei für die geleistete Arbeit gedankt, dem Springer-Verlag für die Aufnahme dieser Schriftenreihe in seine Angebotspalette und der Druckerei für saubere und zügige Ausführung. Möge das Buch von der Fachwelt gut aufgenommen werden.

H. J. Warnecke   E. Westkämper   H.-J. Bullinger

Vorwort

Die vorliegende Arbeit entstand während meiner Tätigkeit als wissenschaftlicher Mitarbeiter am Fraunhofer-Institut für Produktionstechnik und Automatisierung (IPA), Stuttgart.

Mein besonderer Dank gilt Herrn Prof. Dr.-Ing. h.c. mult. H.-J. Warnecke, Präsident der Fraunhofer Gesellschaft, für seine großzügige Unterstützung und Förderung, die zur erfolgreichen Durchführung dieser Arbeit beigetragen hat.

Herrn Prof. Dr.-Ing. K. Langenbeck danke ich für die Übernahme des Mitberichts und die eingehende Durchsicht der Arbeit.

Bedanken möchte ich mich bei Herrn Prof. Dr.-Ing. Dr. h.c. R. D. Schraft und Herrn Dr.-Ing. M. Schweizer, bei allen Kolleginnen und Kollegen sowie Studenten, die mich am Institut durch ihre konstruktive Mitarbeit unterstützt haben. Vor allem die Zusammenarbeit mit Herrn Dr.-Ing. T. Weisener, Herrn Dr.-Ing. U. Zeile, Herrn Dr.-Ing. M. Kahmeyer und Herrn Dr.-Ing. W.-D. Schneider hat mir viel bedeutet.

Meinen Eltern danke ich für die stete Förderung und dafür, daß sie die Voraussetzungen für meinen Werdegang geschaffen haben.

Sindelfingen, Januar 1998 Gerald Vögele

Inhaltsverzeichnis

0   Abkürzungen und Formelzeichen

Großbuchstaben

A	m²	Querschnittsfläche
E	N/mm²	Elastizitätsmodul
EA	N	Längssteifigkeit der Türabdichtung
EI	Nmm²	Biegesteifigkeit der Türabdichtung
EPDM	-	Ethylen-Propylen-Dien-Kautschuk
F	-	Lastvektor des Gesamtsystems
F	N	Kraft (allgemein)
F_c	N	Rastfederkraft
F_d	N	Dämpfungskraft
F_F	N	Fügekraft
F_{Fv}	N	Schritt der Fügekraft
F_N	N	Längskraft
F_p	N	pneumatische Andruckkraft
F_Q	N	Querkraft
F_u	N	Kraft am Knoten in x-Richtung
F_w	N	Kraft am Knoten in z-Richtung
F_x	N	Schnittkraft
Gl.	-	Gleichung
K	-	Steifigkeitsmatrix des Gesamtsystems
K'	-	Steifigkeitsmatrix des Gesamtsystems ohne Federbettung
Kfz	-	Kraftfahrzeug
M	Nm	Moment (allgemein)
M_φ	Nm	Biegemoment am Knoten
PC	-	Personal Computer
PVC	-	Polyvinylchlorid
R_{Fl}	mm	Flanschradius
T$_j$	-	Transformationsmatrix für das Türabdichtungselement j
UV	-	ultraviolett
V	-	Verschiebungsvektor des Gesamtsystems
V	%	Verfügbarkeit
VDA	-	Verband der deutschen Automobilindustrie e.V.
W	Nm	Arbeit (allgemein)
W_a	Nm	äußere Arbeit
W_F	Nm	gesamte Fügearbeit
W_i	Nm	innere Arbeit

Kleinbuchstaben

b_{Fl}	mm	Breite des Türflansches der Karosserie
$\mathbf{c}$	-	Rastfedersteifigkeitsmatrix
c	N/mm	Steifigkeit der Rastfeder des Türabdichtungselements
c_F	N/mm	nichtlineare Federkonstante des Türflansches und der Türabdichtung
c_{Fl}	N/mm	nichtlineare Federkonstante des Türflansches
c_H	N/mm	linearisierte Federkonstante des Hammerkopfes
c_{HF}	N/mm	nichtlineare Federkonstante des Hammerkopfes und des Türflansches
d	Ns/mm	Dämpfungskonstante
d_S	mm	Schlagabstand
f	1/s	Schlagfrequenz
$\mathbf{f}_j$	-	Elementlastvektor
h_{Fl}	mm	Höhe des Türflansches der Karosserie
Δh_{Fl}	mm	Höhensprung des Türflansches der Karosserie
i	-	Knotenbezeichnung
j	-	Elementbezeichnung des Türabdichtungselements
k	-	Knotenbezeichnung
$\mathbf{k}_j$	-	Elementsteifigkeitsmatrix
$\mathbf{k}_j'$	-	transformierte Elementsteifigkeitsmatrix
l	mm	Länge (allgemein)
Δl	mm	Restlänge der Türabdichtung
l_j	mm	Länge des Türabdichtungselements j
l_{Fl}	mm	Länge des Türflansches der Karosserie
l_{Td}	mm	Länge der Türabdichtung
Δl_{Td}	mm	Verlängerung der Türabdichtung
m	-	Knoten an dem die Fügekraft eingeleitet wird
m_H	kg	Masse des Hammerkopfes
m_{Sch}	kg	Masse des Verfahrschlittens und des Hammergrundkörpers
n	-	Knotenanzahl
n_{IR}	-	Anzahl verwendeter Industrieroboter
n_{max}	-	maximale Ausbringung an Fahrzeugen pro Tag
n_{Sch}	-	Anzahl Schichten pro Tag
n_{Td}	-	Anzahl zu montierender Türabdichtungen
p	bar	Druck
s	mm	Fügeweg der Türabdichtung auf dem Türflansch
s_{max}	mm	maximaler Fügeweg

Δs	mm	zu fügender Restweg
t	s	Zeit (allgemein)
t_{BK}	s	Zeit zum Bereitstellen einer Karosserie
t_{BTd}	s	Zeit zum Bereitstellen der Türabdichtung
t_{MTd}	s	Montagezeit für eine Türabdichtung
t_{Sch}	h	Schichtdauer
$\mathbf{u}$	-	Verschiebungsvektor
u	mm	Verschiebung des Knotens in x-Richtung
$\mathbf{v}_j$	-	Verschiebungsvektor des Türabdichtungselements j
w	mm	Verschiebung des Knotens in z-Richtung
w_{mv}	mm	inkrementelle Verschiebung des Knotens in z-Richtung
w_{Td}	mm	Durchbiegung der Türabdichtung
x	-	Koordinate in x-Richtung
Δx	mm	Koordinate des Federwegs
x_{Fl}	m	Ortskoordinate des Türflansches
x_H	m	Ortskoordinate des Hammerkopfs
$\hat{x}_H$	m	Amplitude des schlagenden Hammerkopfs
x_{Sch}	m	Ortskoordinate des Verfahrschlittens
y	-	Koordinate in y-Richtung
z	-	Koordinate in z-Richtung

Griechische Buchstaben

α	°	Lagewinkel des Türabdichtungselements
φ	°	Verschiebungswinkel am Knoten
ν	-	Zählvariable der Iterationen
ν_{max}	-	maximale Anzahl der Iterationen
ω	1/s	Winkelgeschwindigkeit

Häufig eingesetzte Indizes

Fl	-	Türflansch
i	-	Zählvariable Knoten
j	-	Zählvariable Türabdichtungselement
k	-	Zählvariable Knoten
m	-	Zählvariable Knoten
max	-	maximal
min	-	minimal
Td	-	Türabdichtung

1 Einleitung

1.1 Problemstellung

Bei der Herstellung von Serienerzeugnissen fällt ein erheblicher Anteil der Herstellkosten in der Montage an [1], weshalb gerade hier große Rationalisierungspotentiale bestehen [2], die vor allem durch eine flexible Automatisierung erschlossen werden können [3, 4]. So wird in der Automobilindustrie, einem der größten Wirtschaftszweige in der Bundesrepublik Deutschland, der im Jahre 1995 mit 4,4 Mio. produzierten Fahrzeugen einen Jahresumsatz von 224 Mrd. DM [5] erzielte, in der Endmontage ein Automatisierungsgrad von lediglich 4 - 6 % erreicht [3]. Dem steht ein Automatisierungsgrad im Karosserierohbau von bis zu 70 % gegenüber. Daraus folgt ein hohes Rationalisierungspotential im Bereich der Endmontage [6].

Besonders gering ist der Automatisierungsgrad bei der Montage biegeschlaffer Teile, die aufgrund ihrer Werkstoffeigenschaften schwierig zu handhaben und zu fügen sind [7]. Demgegenüber steht die Vielzahl zu montierender biegeschlaffer Formteile und extrudierter Profile, deren Gesamtlänge in einem Fahrzeug der Mittelklasse ca. 90 m beträgt [8]. Diese Teile werden derzeit überwiegend manuell montiert. Dabei stellt die Montage von Türabdichtungen ein besonderes Problem dar, da sie ausschließlich manuell mit Hilfe eines Gummihammers oder einfachen mechanisierten Hilfsvorrichtungen teilweise über Kopf erfolgt und hohe Fügekräfte erfordert. Die aus dieser Tätigkeit resultierende extreme Belastung der Mitarbeiter führt zu einem hohen Krankenstand und einer überdurchschnittlichen Fluktuation in diesem Montagebereich. Zudem treten bei der manuellen Türabdichtungsmontage häufig Qualitätsmängel in Form von Undichtigkeiten und partiellem Lösen der Türabdichtung auf [9].

Bis auf wenige Automatisierungsansätze in Teilbereichen existieren heute noch keine Systeme für die vollautomatische Montage von Türabdichtungen für Kraftfahrzeuge. Die Ursachen hierfür liegen in

- dem biegeschlaffen Charakter der Türabdichtungen,
- ungeeigneten Fügestrategien und -prinzipien sowie
- den fehlenden wissenschaftlichen Erkenntnissen auf diesem Gebiet.

Zwar sind für die Bereitstellung biegeschlaffer Teile Lösungsansätze bekannt [10], und auch die Voraussetzungen für die flexibel automatisierte Handhabung sind durch Industrieroboter gegeben, beim Fügen von Türabdichtungen und beim Ausgleich der dort auftretenden Toleranzen von Karosserie und Türabdichtung bestehen aber noch erhebliche Defizite.

1.2 Zielsetzung und Vorgehensweise

Ziel der vorliegenden Arbeit ist es, wissenschaftliche Erkenntnisse und Grundlagen der durchgängig flexibel automatisierten Montage von Türabdichtungen für Kraftfahrzeuge auf der Basis des Einsatzes von Industrierobotern zu gewinnen und auf dieser Grundlage ein System zur automatisierten Montage abzuleiten, zu entwickeln und zu erproben.

Ausgehend von einer Untersuchung des Standes der Technik sollen anhand einer Analyse der Türabdichtungen und der Montagearbeitsplätze die Hemmnisse aufgezeigt werden, die einer automatisierten Montage von Türabdichtungen entgegenwirken. Aus den Ergebnissen der Analyse sollen die erforderlichen Entwicklungsschwerpunkte abgeleitet und Anforderungen an die zu entwickelnden Verfahren und Werkzeuge für die automatisierte Montage von Türabdichtungen und deren Teilsysteme aufgestellt werden.

Für Teilsysteme, deren Umsetzung nicht vom Stand der Technik abgeleitet werden kann, sollen alternative Lösungskonzepte entwickelt, bewertet und zu einem optimalen Gesamtkonzept integriert werden. Im Vordergrund steht die Ableitung von geeigneten Fügeverfahren und deren Prozeßparameter auf der Grundlage von experimentellen Vorversuchen und einer eingehenden theoretischen Untersuchung des Fügeprozesses. Zum Ausgleich der im Prozeß auftretenden Toleranzen soll ein dem Fügeverfahren angepaßtes Toleranzausgleichsverfahren entwickelt und untersucht werden. Damit wird die Grundlage für eine optimale Auslegung von Werkzeugen für die automatisierte Montage von Türabdichtungen geschaffen.

Als Nachweis der technischen Machbarkeit und zur Verifizierung der theoretischen Ergebnisse soll eine Pilotanlage zur flexibel automatisierten Türabdichtungsmontage für Kraftfahrzeuge aufgebaut und getestet werden. Somit können Randbedingungen für die Einsetzbarkeit in der industriellen Praxis unter Berücksichtigung von Taktzeiten, Fehlerhäufigkeiten und Störungen im Prozeß festgelegt werden.

2 Ausgangssituation

2.1 Begriffe und Definitionen

Allgemeine Begriffe und Definitionen der Montage- und Handhabungstechnik sind in [11, 12] hinreichend erklärt.

Zur Festlegung einer einheitlichen Nomenklatur im Rahmen der vorliegenden Arbeit sind im folgenden die Begriffe der Geometrie und der Montage von Türabdichtungen zusammengefaßt und in <u>Bild 2.1</u> erläutert.

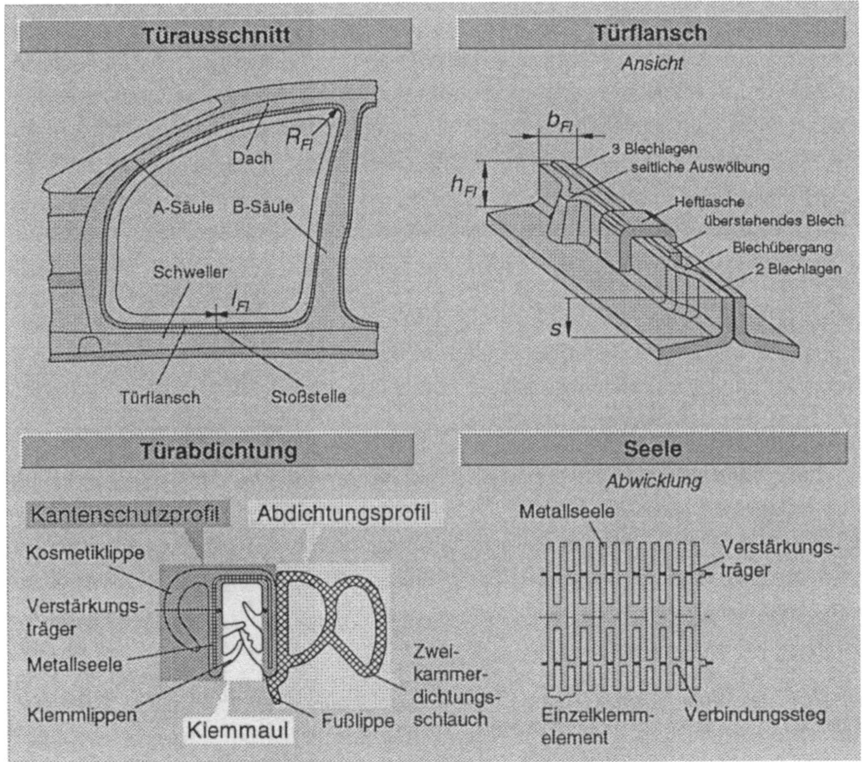

Bild 2.1:   Definition von Begriffen bei der Montage von Türabdichtungen

Türabdichtungen haben die Aufgabe, den Karosserieinnenraum gegenüber Witterungseinflüssen wie Staub, Wind, Regen und Feuchtigkeit abzudichten. Sie werden als steckbares Profil auf den *Türflansch* der Karosserie, d. h. auf den Punktschweißfalz des Türausschnitts innerhalb der Fahrzeugkarosserie gefügt.

Türabdichtungen bestehen im wesentlichen aus einem Kantenschutzprofil und einem Abdichtungsprofil. Das *Kantenschutzprofil* wird aus PVC oder Vollgummi hergestellt. Es dient der Abdeckung des Türflansches zur Unfallverhütung bzw. Verbesserung der Optik und als Trägerelement für das Abdichtungsprofil. Als Festigkeitsträger enthält der Kantenschutz eine Seele. Sie besteht aus einem metallischen Blechband, der sogenannten *Metallseele*, die die erforderlichen Klemmkräfte aufbringt. Zur Festlegung der neutralen Faser für ein definiertes Biegeverhalten enthält die Seele zusätzlich einen *Verstärkungsträger* aus Viskose, Glasfasern oder Polyester. Die U-förmige Öffnung des Kantenschutzes, das *Klemmaul*, weist in ihrem Innenbereich *Klemmlippen* auf, die die Haltekräfte durch Reibschluß aufbringen. Zur Abdeckung und Aufnahme von Karosserieanbauteilen und Verkleidungen befindet sich am Kantenschutz eine *Kosmetiklippe*. Das *Abdichtungsprofil* wird aus Zellgummi in Form von ein- oder mehrkammerigen Schläuchen gefertigt und sorgt für die Abdichtwirkung. Eine zusätzlich angebrachte *Fußlippe* verhindert den Übertritt von Kapillarwasser zwischen der Klemmaulinnenseite und dem Türflansch.

Der Ort, an dem die beiden Enden der Türabdichtung zusammenkommen, wird als *Stoßstelle* bezeichnet. *Offene* Türabdichtungen sind an dieser Stoßstelle unverbunden. *Geschlossene* Türabdichtungen werden durch Gummistopfen, Klebung, Verschweißung oder durch Vulkanisation verbunden.

Der Türflansch der Karosserie ist aus einer unterschiedlichen Anzahl von Blechlagen aufgebaut, der durch die *Flanschbreite* b_{Fl}, die *Flanschhöhe* h_{Fl} und die *Flanschlänge* l_{Fl} charakterisiert wird. Zur Versteifung der Karosseriebleche und zum Heften vor dem Punktschweißvorgang im Karosserierohbau besitzt der Türflansch zusätzlich *Auswölbungen* und *Heftlaschen*. Der Türausschnitt ist eine dreidimensionale Raumkurve, die in den Türausschnittsecken durch den *Flanschradius* R_{Fl} charakterisiert wird.

Die Montage von Türabdichtungen kann nach DIN 8593 [13] dem Klammern zugeordnet werden [14], wobei die Klammern keine Hilfsteile, sondern Bestandteil des Fügeteils sind.

Die zur Montage der Türabdichtung erforderliche Kraft wird als *Fügekraft* F_F bezeichnet und die ab der Oberkante des Türflansches gemessene Strecke wird *Fügeweg s* genannt. Die überschüssige Länge, die eine Türabdichtung gegenüber der Flanschlänge besitzt, wird als *Restlänge* bezeichnet.

2.2 Stand der Technik

2.2.1 Manuelle und mechanisierte Verfahren für die Montage von Türabdichtungen

Die Montage von Türabdichtungen wird bisher manuell beim Automobilhersteller in der Endmontage durchgeführt. Dabei wird die Türabdichtung vom Werker an mehreren Stellen des Türflansches der Karosserie vorgeheftet und dann mit einem Gummihammer durch schlagende Bewegungen eingepreßt. Die Montagequalität ist bei der manuellen Montage unmittelbar von den Fähigkeiten des Werkers abhängig und schwer reproduzierbar. Partielles Zerschlagen der Türabdichtung, Aufspreizen des Kantenschutzes und ungleichmäßiges Verstauchen entlang des Türflansches der Karosserie sind Montagefehler, die Grund für das Lösen der Türabdichtung vom Türflansch, auftretende Undichtigkeiten und für eine schlechte Optik sind [9].

Mechanisierte Montageansätze (<u>Bild 2.2</u>) zielen darauf ab, den kraftaufwendigen Fügeprozeß der Türabdichtungen zu unterstützen oder durchzuführen. Die Türabdichtung muß aber nach wie vor von Hand entlang des Türflansches vorgeheftet werden.

Montageverfahren	Fügeverfahren	Eignung Ansetzen	Eignung Fügen	Karosserietypen-flexibilität	Eignung geschlossene Türabdichtung	Toleranzausgleich	Einfache Handhabung	Geringer technischer Aufwand	Gute Ergonomie	Hohe Montagequalität	Industriell im Einsatz
Gummihammer (manuell)	Hämmern	●	●	●	●	●	●	●	○	◑	●
Roll-Form-System (mechanisiert) [15, 16]	Umformen	○	●	●	●	○	◑	◑	◑	◑	●
Formrahmen mit aufblasbarem Schlauch (mechanisiert) [17]	Pressen	○	●	○	●	◑	◑	○	◑	◑	○

● voll erfüllt　　◑ teilweise erfüllt　　○ nicht erfüllt

Bild 2.2: Manuelle und mechanisierte Verfahren zur Montage von Türabdichtungen

Beim sogenannten Roll-Form-System [15, 16] wird eine Türabdichtung mit V-förmig geweitetem Klemmaul verwendet, die in einem Umformprozeß mittels parallel angeordneter, angetriebender Rollen zusammengedrückt wird. Die Anwendung des Roll-Form-Werkzeuges erfordert vom Werker Übung und Geschick, da die

Türabdichtung bei der Montage ansonsten unvollständig montiert wird und leicht beschädigt werden kann. Beim Formrahmen [17] werden die Fügekräfte durch einen aufblasbaren Schlauch aufgebracht, der sich auf dem Umfang eines dem Türausschnitt nachgebildeten starren Formrahmen befindet. Die zuvor manuell vorgeheftete Türabdichtung wird dann in einem Zug gleichzeitig auf dem gesamten Türflansch einpreßt.

2.2.2 Automatisierte Verfahren zur Montage von Türabdichtungen

In den letzten 10 Jahren wurden in der Automobilindustrie vermehrt Anstrengungen unternommen, die Montage von Türabdichtungen zu automatisieren. Ansätze namhafter Automobilhersteller belegen dies [18 - 20]. Auf seiten der Hersteller von Türabdichtungen [21 - 25], Herstellern von Industrierobotern [26] und von Forschungsinstituten [27 - 29] sind ebenfalls prototypische Werkzeuge bekannt. Einen Überblick über die bekannten automatisierten Verfahren zeigt Bild 2.3.

Firma/Anwender	Fügeverfahren	Eignung geschlossene Türabdichtungen	Toleranzausgleich	Taktzeit < 1 min	Verfügbarkeit > 80%	Teilebereitstellung	Ansetzen	Fügen	Stoßstellenmontage	Prototyp	Pilotanlage	Fertigung
GM, Detroit (USA) [18]	Rollen	○	◐	●	○	●	◐	●	○	x		
GM, Oshawa (CDN) [19]	Rollen	●	◐	●	○	●	◐	●	◐			x
VW, Wolfsburg (D) [20]	Rollen	○	○	○	○	◐	◐	●	●	x		
Fiat, Cassino (I)	Rollen	○	○	○	○	○	◐	●	○		x	
BMW, München (D) [27]	Kleben	○	◐	●	○	●	●	●	◐			x
iwb, TU München (D) [28]	Rollen	◐	◐	○	○	○	◐	●	●	x		
Draftex, Viersen (D) [23, 24]	Rollen	○	○	○	○	◐	●	●	○	x		
Kuka, Augsburg (D) [26]	Rollen	●	◐	●	○	○	◐	●	◐	x		
Mesnel, Carrières (F) [21, 22]	Schlagen	●	○	●	○	○	◐	●	●	x		
Draftex, Viersen (D) [25]	Pressen	●	◐	●	○	○	◐	●	●	x		

● voll erfüllt ◐ teilweise erfüllt ○ nicht erfüllt

Bild 2.3: Vergleich automatisierter Verfahren zur Montage von Türabdichtungen

Die bekannten Systeme sind hauptsächlich Prototypen und unterscheiden sich im wesentlichen durch die Art des verwendeten Fügeverfahrens, der Möglichkeit zum Ausgleich von Toleranzen und dem Umfang automatisierter Teilfunktionen.

Beim Fügeverfahren „Rollen" wird die Fügekraft durch eine angetriebene oder passiv mitdrehende Rolle aufgebracht [18, 19, 20, 23, 24, 26, 28, 29]. Die Rolle ist bei diesen Systemen Bestandteil von Montagewerkzeugen, die von einem Industrieroboter entlang des Türflansches der Karosserie geführt werden. Das größte Problem bei den rollenden Fügeverfahren ist das leicht mögliche, seitliche „Entgleisen" der Türabdichtung vom Türflansch während des Montageprozesses und das damit verbundene Abscheren und Zerstören der Türabdichtung. Beim Fügeprinzip „Schlagen" kommt ein oszillierender Hammer zum Einsatz, der die Türabdichtung ähnlich wie beim manuellen Prozeß mit einem Gummihammer montiert. Großversuche, die mit dem entsprechenden Werkzeug aus [21, 22] bei einem französischen Automobilhersteller durchgeführt wurden, ergaben allerdings eine für den industriellen Einsatz unzureichende Verfügbarkeit. Bei der in Bild 2.3 aufgeführten Anlage zum „Kleben" [27] befindet sich im Gegensatz zu allen anderen vorgestellten Systemen die Türabdichtung nicht auf dem Türflansch der Karosserie, sondern auf der Fahrzeugtür. Die komplette Tür wird hierbei von einem Industrieroboter an einer ortsfesten Klebestation und Türabdichtungszuführung vorbeigeführt und verklebt. Beim Fügeverfahren „Pressen" [25] wird die Türabdichtung in einem Hub mit einem von einer Handhabungseinrichtung geführten Hilfsrahmen flächig auf den Türflansch der Karosserie aufgepreßt. Die Flexibilität ist infolge der türspezifischen Hilfsrahmen eingeschränkt. Wegen der aufwendigen Bestückung der Hilfsrahmen läßt sich mit diesem Verfahren keine durchgängige Automatisierung des gesamten Montageprozesses erzielen.

Nur wenige Systeme sind in der Lage, geschlossene Türabdichtungen komplett zu montieren, was aus Gründen der Dichtigkeit eine anschließende, meist manuelle Nacharbeit an der entstehenden Stoßstelle erfordert. Zum Ausgleich der Toleranzen von Türabdichtung und Karosserie werden, sofern realisiert, meist passive Federsysteme eingesetzt.

Die Ansätze der automatisierten Türabdichtungsmontage sind durch folgende Eigenschaften gekennzeichnet:

- Bei keinem der vorgestellten Systeme sind alle Prozeßschritte, die die Bereiche Teilebereitstellung, Ansetzen der Türabdichtung, Fügen und Stoßstellenmontage umfassen, durchgängig automatisiert.
- Es existiert kein ausreichender Ausgleich der Toleranzen von Türabdichtung und Karosserien.
- Die Anforderungen der Automobilindustrie hinsichtlich der Verfügbarkeit und der erreichbaren Taktzeiten können nicht zufriedenstellend erfüllt werden.

3 Analyse der Montageaufgabe und Ableitung von Anforderungen

3.1 Analyse des Produktspektrums

Bei Türabdichtungen für Kraftfahrzeuge handelt es sich nach [30] um lösbare Berührungsformdichtungen. Neben der Abdichtfunktion sind weitere funktionelle Anforderungen an die Türabdichtungen zu stellen, wie gute Alterungsbeständigkeit, Lichtechtheit, Ozon- und UV-Beständigkeit und eine hohe Abriebfestigkeit [9]. Für die Montage werden zusätzlich eine hohe Anpassungsfähigkeit an den Türflansch ohne Verformungen und Abflachungen der Profilgeometrie gefordert sowie geringe Montagekräfte, verbunden mit hohen Haltekräften auf dem Türflansch [14, 16].

Nach Zahlenwerten des VDA [5] und eigenen Untersuchungen wurden im Jahr 1995 in Deutschland ca. 15 Mio. Türabdichtungen montiert. Da in der Automobilindustrie überwiegend in der Serienmontage montiert wird, läßt sich feststellen, daß durch die flexible Automatisierung der Montage von Türabdichtungen ein bedeutendes Rationalisierungspotential in diesem Bereich besteht.

3.1.1 Analyse der Abdichtungskonzepte

Die Analyse der Abdichtungskonzepte wurde bei 33 Fahrzeugtypen von 17 verschiedenen Automobilherstellern durchgeführt. Die Abdichtungskonzepte können in drei Kategorien eingeteilt werden, die sich durch den Montageort und die Art der Türabdichtung unterscheiden. Bei der ersten Kategorie ist die Türabdichtung auf den Türflansch der Karosserie montiert und besteht aus einem Kantenschutzprofil in Verbindung mit einem Abdichtungsprofil. Bei der zweiten Kategorie befindet sich auf dem Türflansch der Karosserie lediglich ein Kantenschutzprofil. Das korrespondierende Abdichtungsprofil ist hingegen in der Fahrzeugtür montiert. Bei höherwertigen Fahrzeugen kommt meistens die dritte Kategorie von Abdichtungskonzepten zum Einsatz, bei der eine Türabdichtung bestehend aus einem kombinierten Kantenschutz- und Abdichtungsprofil auf den Türflansch montiert ist und sich in der Fahrzeugtür zusätzlich ein Abdichtungsprofil befindet.

Die Häufigkeitsverteilung der auftretenden Abdichtungskonzepte zeigt Bild 3.1. In 85 % der untersuchten Fahrzeuge wird dabei auf den Türflansch eine Türabdichtung in Form einer Kombination aus Kantenschutz- und Abdichtungsprofil montiert. Der

Schwerpunkt der weiteren Betrachtungen wird deswegen auf Türabdichtungen gelegt, die auf den Türflansch der Karosserie montiert werden.

Eine weiteres wichtiges Merkmal der Abdichtung für die Automatisierung ist die Montageart der Stoßstelle an den Enden der Türabdichtung. Bei 63 % aller untersuchten Fahrzeuge wird die Stoßstelle geschlossen (Bild 3.1). Dieses wird von den meisten Automobilherstellern aus Gründen der Dichtigkeit und des Fahrkomforts angestrebt. Dabei wird bei 30 % die Türabdichtung bereits in ringförmig geschlossener Form verbaut und bei 33 % das Abdichtungsprofil erst nach erfolgter Montage mittels eines Gummistopfens verschlossen.

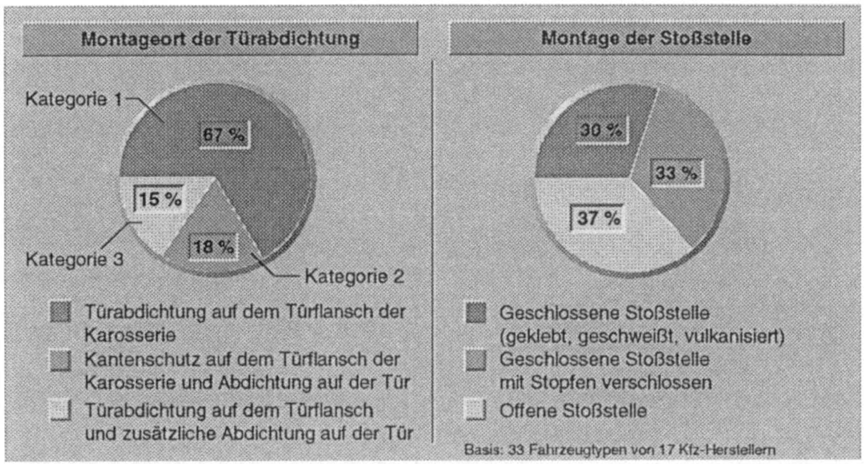

Bild 3.1:   Analyse der Türabdichtungskonzepte

3.1.2   Klassifizierung der auf den Türflansch der Karosserie montierten Türabdichtungen

Die Türabdichtungen, die auf den Türflansch der Karosserie montiert werden, lassen sich entsprechend dem Aufbau ihrer Metallseele einteilen. Die wichtigsten Klassifizierungsmerkmale für eine flexible Automatisierung zeigt Bild 3.2. Diese Art der Einteilung gibt Auskunft darüber, inwieweit sich eine Türabdichtung für den automatisierten Montageprozeß eignet. Von entscheidender Bedeutung sind hierbei eine hohe Steifigkeit, eine geringe Neigung zum Verdrillen und eine hohe Längenkonstanz.

Diese produktseitigen Anforderungen an die Türabdichtung werden durch den Stanzseelentyp am besten erfüllt, bei dem die Metallseele aus einem gestanzten Metallband besteht. Diese Türabdichtung läßt sich durch den relativ steifen Aufbau der Metallseele vom Hersteller mit einer sehr engen Längentoleranz fertigen, was für den automatisierten Montageprozeß von großer Bedeutung ist. Türabdichtungen mit Metallseele aus gebogenem Draht und solche mit geschnittener Metallseele sind leichter verformbar und besitzen eine geringere Längenstabilität. Dehnungen und Stauchungen von bis zu 3 % der Gesamtlänge sind möglich. Diese Türabdichtungstypen sind speziell auf den manuellen Montageprozeß hin optimiert, um dem Werker eine kraftschonende Montage zu ermöglichen.

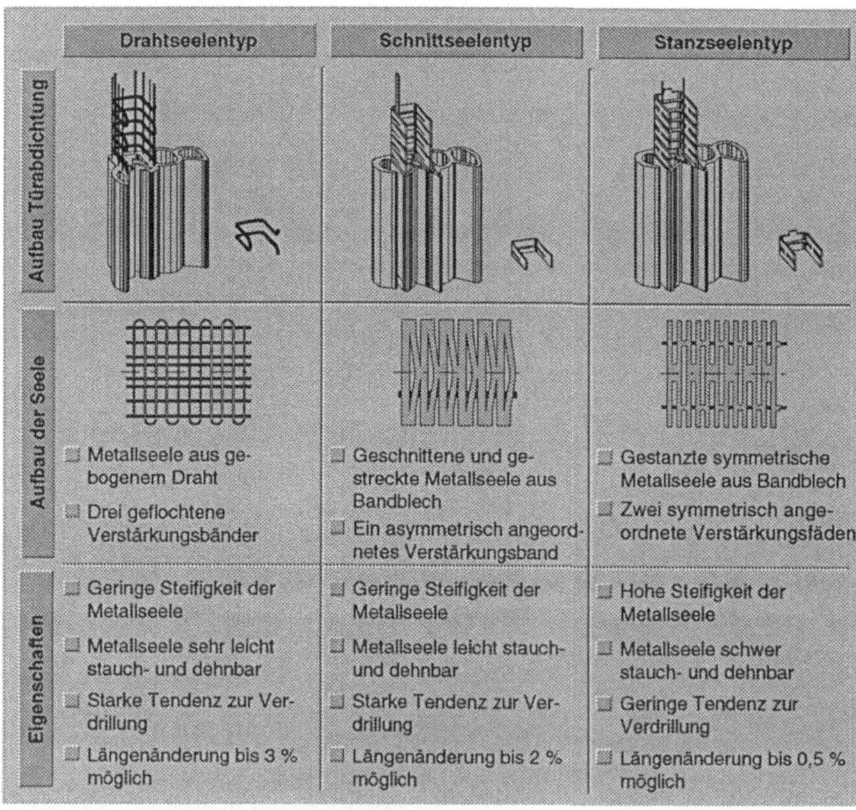

Bild 3.2:   Klassifizierung der Türabdichtungen

Eine Häufigkeitsverteilung der drei Türabdichtungstypen zeigt <u>Bild 3.3</u>. Daraus geht hervor, daß bereits 38 % aller Türabdichtungen den geforderten montageautomatisierungsgerechten Aufbau besitzen. Als Material für Türabdichtungen wird zu 49 % Gummi, meist in Form von EPDM, verwendet, in 36 % der Fälle bestehen die Türabdichtungen aus einer Kombination von PVC für das Kantenschutzprofil und Zellgummi für das Abdichtungsprofil. Als zusätzlich stabilisierende Elemente gegen Verdrillungen und Längendehnungen werden bei 97 % aller Türabdichtungen Verstärkungsträger in Form von Fäden, Bändern und Geweben aus Glasfasern, Viskose oder Polyester in den Kantenschutz mitextrudiert.

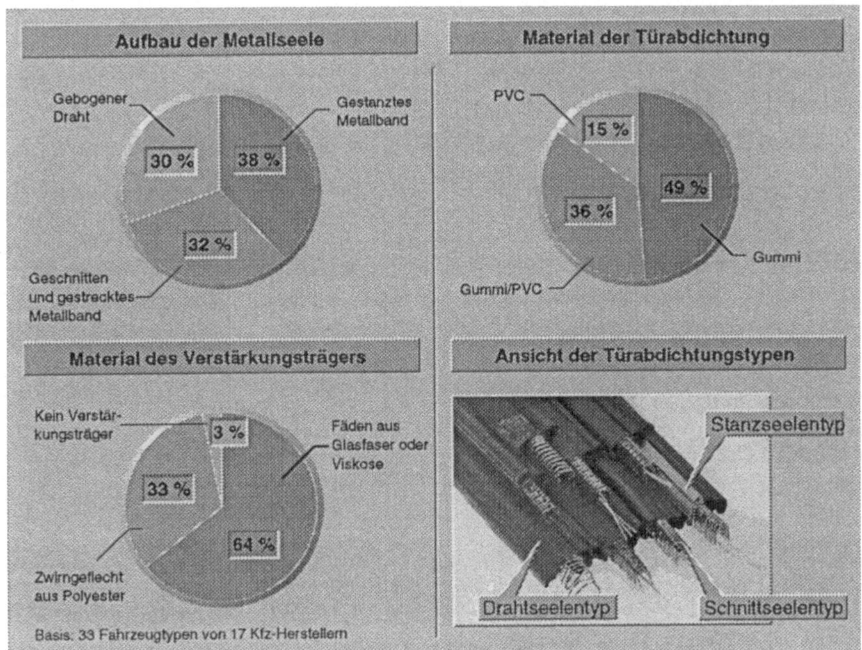

Bild 3.3:   Produktparameter der Türabdichtungen

3.1.3   Analyse der Basisteile

Für die Analyse der Basisteile wurden Türflansche von 48 Rohkarosserien bei drei Automobilherstellern direkt an der Montagelinie vermessen. Dabei wurde an charakteristischen Stellen entlang des Türflansches die Breite b_{Fl}, die Höhe h_{Fl} und

- 26 -

die Länge l_{Fl} gemessen sowie die Türflanschradien R_{Fl} bestimmt (<u>Bild 3.4</u>). Dabei wird die große Spannbreite der Türflanschbreiten deutlich, die aufgrund der unterschiedlichen Anzahl von Blechlagen und Blechausformungen von 1,8 mm bis 8,5 mm reicht. Bei der Türflanschlänge ergeben sich nur geringe Abweichungen vom Sollmaß, da die Türausschnitte oder die komplette Seitenwand der Karosserie aus einem Blechteil gepreßt werden und die Preßtoleranzen gering sind. Die unterschiedlichen Höhen der Türflansche von bis zu 4 mm resultieren aus den Toleranzen beim Punktschweißen der Rohkarosserien, bei dem die Einzelteile der Karosserie mit Versatz übereinander zu liegen kommen.

Neben der eigentlichen Geometrie der Basisteile sind bei der Montage der Türabdichtungen bei den verschiedenen Automobilherstellern zusätzliche Störkonturen zu berücksichtigen, wie beispielsweise ein bereits montiertes Cockpit, Einbauteile wie der Dachhimmel oder der Kabelbaum im Bereich des Schwellers.

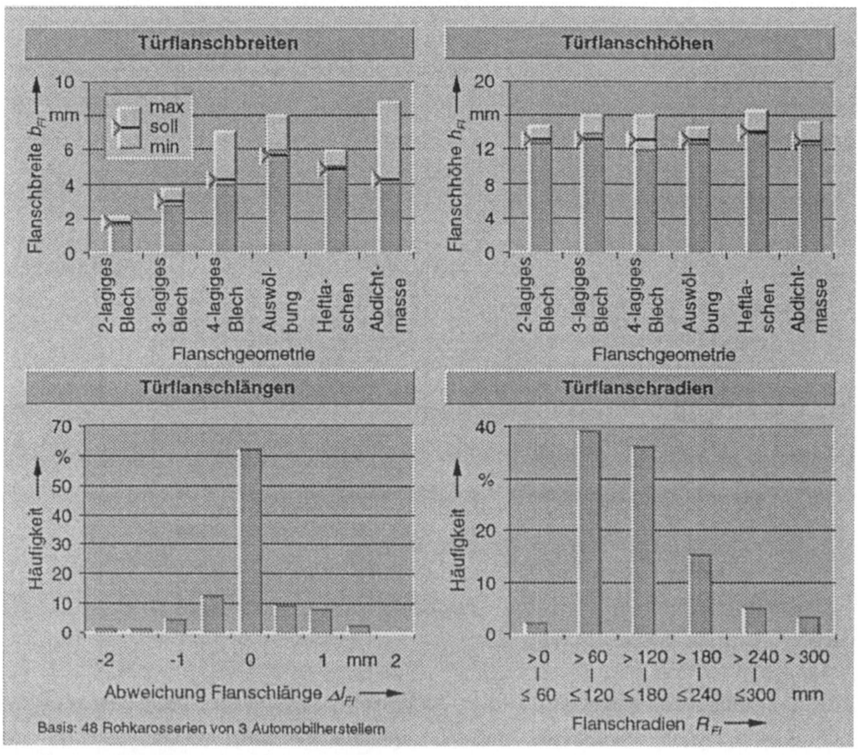

Bild 3.4:   Charakteristische Maße der Türflansche

3.2 Automatisierungshemmnisse

Im Rahmen der Umfrage Herstellung und Montage biegeschlaffer Teile [31] wurde das Umfeld der Automatisierung bei der Montage von Türabdichtungen untersucht. In <u>Bild 3.5</u> sind die Automatisierungsfaktoren, gegliedert nach Gründen und Hemmnissen einer Automatisierung nach Rangfolge sortiert zusammengestellt. Bei den Gründen für eine Automatisierung werden an erster Stelle wirtschaftliche Gründe genannt, wie Produktionskostensenkung und Qualitätssteigerung. Bei den technischen Hemmnissen, die einer Automatisierung entgegenstehen, wird der biegeschlaffe Charakter der Fügeteile an erster Stelle genannt. Dieser verursacht Probleme bei der Handhabung infolge leichter Verdrillbarkeit. Die Fügeteile weisen außerdem eine hohe Empfindlichkeit bezüglich Beschädigung auf. Im Rahmen weiterer Untersuchungen speziell bei der automatisierten Montage von Türabdichtungen werden als Fehlerursachen Verdrillungen, unvollständig und wellig montierte Türabdichtungen und Beschädigung durch zu hohe Fügekräfte und unkontrollierte Längendehnungen genannt [26].

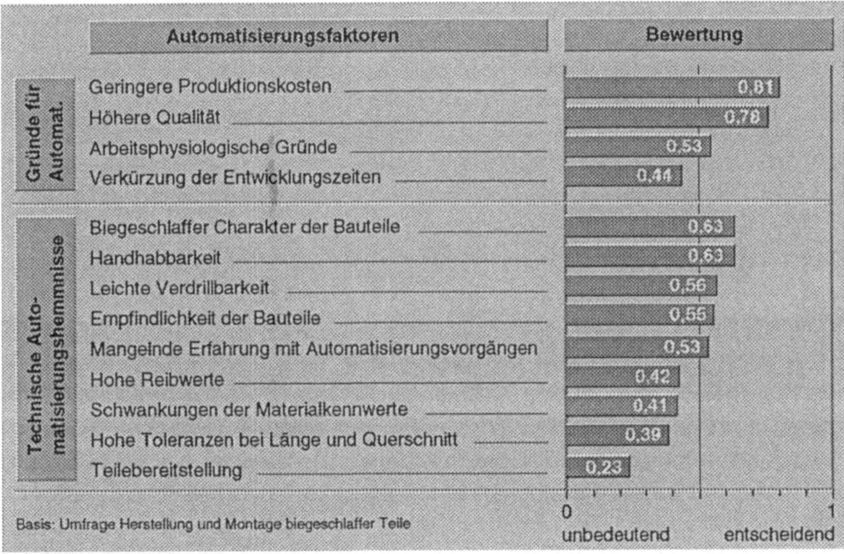

Bild 3.5:   Automatisierungsfaktoren bei der Montage von Profildichtungen

3.3 Analyse der Montageaufgabe

3.3.1 Analyse von Fügeverfahren für Türabdichtungen

Zur Abschätzung der Fügekräfte bei der automatisierten Montage von Türabdichtungen und zur Ermittlung der Anforderungen an das Fügeverfahren wurden die Fügekräfte und Fehlerursachen analysiert (Bild 3.6). Dabei wurden mit einfachen Hilfsvorrichtungen Türabdichtungen an Türflanschen unterschiedlicher Breite nach unterschiedlichen Fügeverfahren montiert.

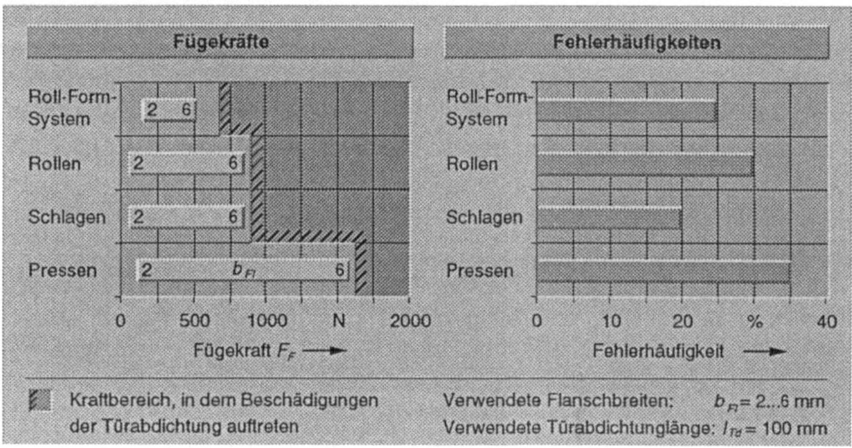

Bild 3.6:   Vorversuche zum Fügen von Türabdichtungen und Fehlerhäufigkeiten

Die notwendigen Fügekräfte sind beim Pressen am größten, da die Türabdichtung hier gleichzeitig auf ihrer gesamten Länge gefügt wird. Die Werte der Fügekräfte beim Roll-Form-System beziehen sich auf den Umformvorgang beim Schließen des Türabdichtungsprofils und nicht auf den Aufsteckvorgang, der infolge der V-förmigen Weitung des Klemmauls weit darunter liegt. Die Versuche zeigen, daß die Fügekräfte beim Rollen und Schlagen etwa gleich groß sind.

Die Fehlerhäufigkeiten beim Roll-Form-System sind meistens auf die Beschädigung des aus weichem Gummi bestehenden Abdichtungsprofils zurückzuführen. Häufigste Fehlerursache beim Fügen der Türabdichtung mit Hilfe einer drehenden Rolle ist das seitliche „Entgleisen" der Türabdichtung, bei dem anfänglich kleine Verdrillungen durch den ständigen Kontakt zwischen Rolle und Türabdichtung schnell anwachsen und schließlich zum Fehlerfall führen. Beim Schlagen ist die auftretende Fehlerhäufigkeit am geringsten. Hier konnte eine deutlich geringere Neigung zum „Entgleisen" verzeichnet werden, da der Kontakt zur Türabdichtung periodisch gelöst wird. Beim Pressen ist die Gefahr der Beschädigung am höchsten, da eine exakte Führung der Türabdichtung während des Fügeprozesses aufgrund ihrer geringen Steifigkeit schwer gewährleistet werden kann und stets eine Neigung zum Verkanten vorhanden ist.

3.3.2 Betrachtung der Toleranzkette

In einem Feldversuch wurden an der Montagelinie eines Automobilherstellers Karosserien optisch vermessen. Dabei konnten Lagetoleranzen an exponierten Meßpunkten auf dem Türflansch der Karosserie von bis zu 3 mm ermittelt werden. Diese Toleranzen sind auf Abweichungen beim Pressen und Verschweißen im Karosserierohbau zurückzuführen. In Bild 3.7 sind die einzelnen Toleranzanteile von Fahrzeugaufnahme, Karosserie, Industrieroboter und Türabdichtung sowie die maximal resultierende, räumliche Gesamtabweichung dargestellt. Die zunächst noch unbekannte Toleranz des Montagewerkzeugs wurde hierbei mit 1 mm angenommen.

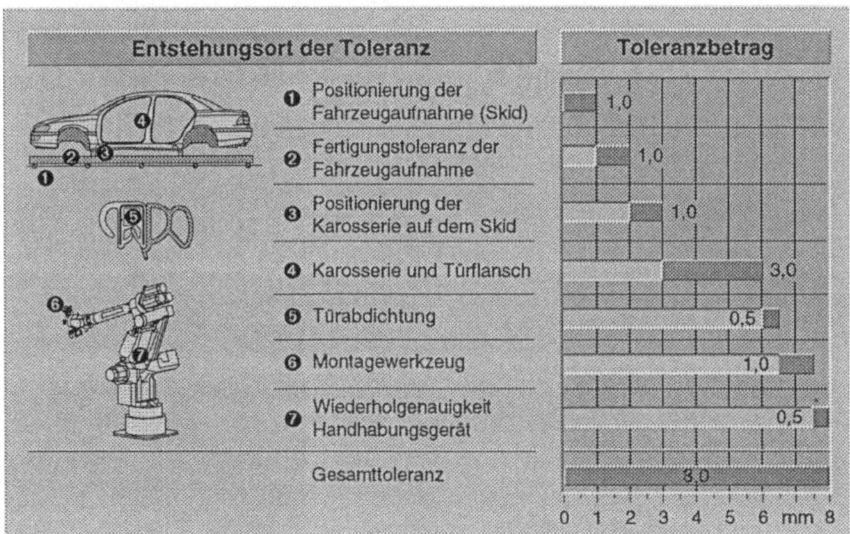

Bild 3.7: Auftretende Toleranzen bei der Montage von Türabdichtungen

Da die Summe der maximal auftretenden Gesamttoleranzen in jedem Fall größer ist als das maximale Fügespiel zwischen der Türabdichtung und dem Türflansch, sind die auftretenden Toleranzen durch geeignete Maßnahmen und Verfahren auszugleichen.

3.4 Analyse der Einflußfaktoren bei der automatisierten Montage von Türabdichtungen

Flexibel automatisierte Systeme zur Montage von Türabdichtungen werden von einer Vielzahl von Einflußfaktoren bestimmt. Die wichtigsten dieser Faktoren sind in Bild 3.8 zusammengefaßt. Neben den produktseitigen Einflüssen bezüglich der Gestaltung von Türabdichtung und Karosserie sind vor allem die montageprozeßbezogenen Einflußfaktoren im Hinblick auf die Realisierbarkeit automatisierter Türabdichtungsmontagestationen von Bedeutung. Für die Integration in die Großserienmontage sind darüber hinaus die betrieblichen Einflußfaktoren seitens des Automobilherstellers zu beachten.

Allgemeine Einflußfaktoren bei automatisierten Systemen zur Türabdichtungsmontage			
Türabdichtungs-bezogen	**Karosserie-bezogen**	**Montageprozeß-bezogen**	**Betriebliche Einflußfaktoren**

◻ Varianten
  · Farbe
  - Beschichtung
  - Länge
◻ Abdichtungs-
  konzept
  - Türabdichtung
    auf Flansch/Tür
  - offene/geschlos-
    sene Stoßstelle
◻ Türabdichtungs-
  aufbau
◻ Verdrillungs-
  stabilität
◻ Formecken
◻ Steifigkeit
◻ Härte
◻ Reibwerte
◻ Längentoleranzen
◻ Anlieferungs-
  zustand
◻ Qualität
	◻ Typenvielfalt
	  - Fahrzeugtypen
	  - Vorder-/Hintertür
	◻ Flanschtoleranzen
	  - Flanschbreite
	  - Flanschhöhe
	  - Flanschlänge
	  · Lagetoleranzen
	◻ Flanschgeometrie
	  - Anzahl
	    Blechlagen
	  · Radien
	  - Heftlaschen
	  - Auswölbungen
	  - Abdichtmasse
	  · Lackauftrag
	◻ Störkonturen
	  - Cockpit
	  - Verkleidungen
	  · Einbau- und
	    Anbauteile
	  - Kabelbaum
		◻ Fügeprozeß
		  - Rollen
		  - Schlagen
		  - Roll-Forming
		  - Pressen
		◻ Automatisierbar-
		  keit von Abläufen
		◻ Fügekräfte
		◻ Füge-
		  geschwindigkeit
		◻ Fügen der
		  Restlänge
		◻ Temperatur
		◻ Standzeit
		  Montagewerkzeug
			◻ Taktzeit
			◻ Automatikblock
			◻ Qualität
			◻ Automatisierungs-
			  grad
			◻ Verfügbarer Platz
			◻ Lohnniveau
			◻ Technisches
			  Know-how
			◻ Modell-Mix
			◻ Stückzahl-
			  flexibilität
			◻ Arbeits-
			  vorschriften
			◻ Instandhaltung
			◻ Geräusch-
			  entwicklung
			◻ Energiebedarf
			◻ Entkopplung ma-
			  nueller Tätigkeite

Bild 3.8:   Allgemeine Einflußfaktoren bei flexibel automatisierten Systemen zur Montage von Türabdichtungen

3.5 Folgerungen aus den Analyseergebnissen

Aus den durchgeführten Analysen wird deutlich, daß die Montage von Türabdichtungen in der Automobilindustrie überwiegend manuell oder mit einfachen mechanisierten Hilfsmitteln durchgeführt wird. Aufgrund der in der Automobilindustrie vorherrschenden Großserienfertigung birgt dieser Bereich ein hohes Rationalisierungspotential. Sowohl Humanisierungs- als auch Qualitätsaspekte sprechen für einen Bedarf und die Notwendigkeit einer Automatisierung der Montage von Türabdichtungen. Auf der Basis der hohen Jahresstückzahlen von 15 Mio. montierten Türabdichtungen allein in der Bundesrepublik Deutschland, ergibt sich damit die Forderung nach einer systematischen Entwicklung von Konzepten, Verfahren und Werkzeugen zur flexibel automatisierten Montage von Türabdichtungen.

Die Analyse zeigt, daß die Türabdichtungen zu 85 % auf den Türflansch der Karosserie montiert werden. Darüber hinaus werden 63 % aller Türabdichtungen bereits in geschlossener Form montiert oder nach der Montage geschlossen. Die weiteren Untersuchungen werden daher auf dieses Abdichtungskonzept fokussiert. Dabei liegt der Schwerpunkt auf der Entwicklung und Auslegung geeigneter Fügeverfahren, die dem biegeschlaffen Charakter, leichter Beschädigung, Verdrillung der Türabdichtungen und einer hohen Montagequalität Rechnung tragen. Für einen industriellen Einsatz sind zudem geeignete Verfahren zum Ausgleich der während des Montageprozesses auftretenden Toleranzen zu betrachten.

Auf der Grundlage festgelegter Systemgrenzen und der Definition der Teilsysteme werden im folgenden die Anforderungen an Gesamt- und Teilsysteme zur flexibel automatisierten Montage von Türabdichtungen abgeleitet.

3.6 Anforderungen an flexibel automatisierte Montagesysteme für Türabdichtungen

3.6.1 Definition der Teilfunktionen und deren Zuordnung zu Teilsystemen

Ein System zur automatisierten Montage von Türabdichtungen besteht aus den Teilsystemen zum Bereitstellen, Handhaben, Fügen, Führen und Ausgleich von Toleranzen (<u>Bild 3.9</u>). Dabei bilden die Teilsysteme die Grundlage für eine morphologische Vorgehensweise bei der Ableitung von Verfahren und Werkzeugen für die Automatisierung der Türabdichtungsmontage. Die Teilsysteme zum Fügen, Führen und Ausgleich von Toleranzen werden hierbei sinnvoll in einem Montagewerkzeug zusammengefaßt.

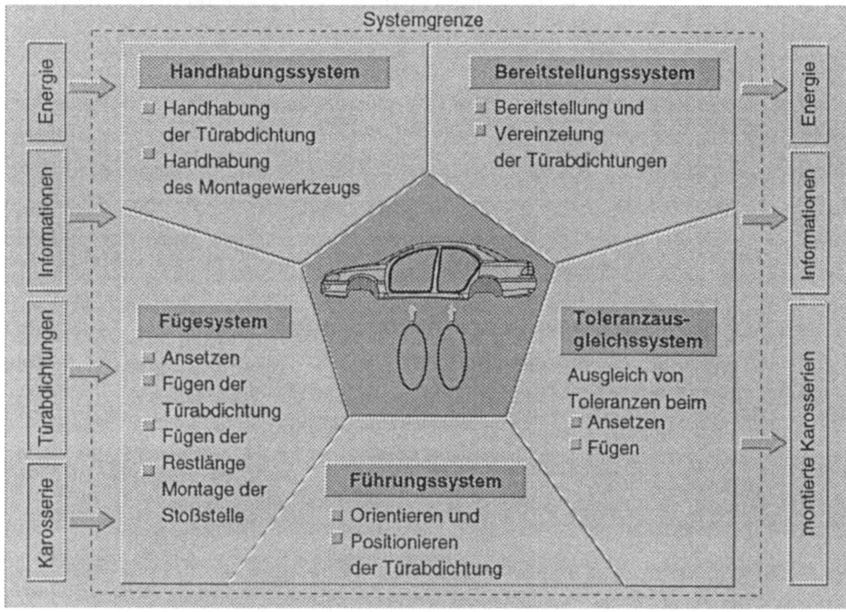

Bild 3.9: Definition von Teilsystemen für die Montage von Türabdichtungen und deren Teilfunktionen

3.6.2 Anforderungen an das Gesamtsystem

Die wesentlichen Anforderungen an das Gesamtsystem zur flexibel automatisierten

Montage von Türabdichtungen werden aus den Analyseergebnissen abgeleitet. Bild 3.10 zeigt diese Anforderungen an das Gesamtsystem, die bei der Konzeption derartiger Montageanlagen zu berücksichtigen sind.

Anforderungen an das Gesamtsystem
▓ Automatisierung aller Teilfunktionen ab Beschickung der Teilebereitstellung
▓ Hohe Funktionssicherheit und Verfügbarkeit
▓ Einhaltung der durch die Montagelinie in der Großserie vorgegebenen Taktzeit von 50 s
▓ Montage der Türabdichtungen je nach Fahrzeugtyp an zwei oder vier Seitentüren
▓ Typen und Variantenflexibilität für Model-Mix-Betrieb und gegebenenfalls unterschiedliche Türabdichtungstypen und -farben
▓ Geringer Platzbedarf
▓ Geringe Investitionskosten und hohe Wirtschaftlichkeit
▓ Integrationsmöglichkeit in die Fertigungsumgebung beim Automobilhersteller
▓ Einhaltung der Sicherheitsnormen und -richtlinien
▓ Universelle, produktneutrale Teilsysteme
▓ Kurze Umrüstzeiten für neue Karosserietypen
☐ Gute Zugänglichkeit während des Betriebs und zur Instandhaltung
☐ Leichte Austauschbarkeit der Industrieroboter im Fehlerfall
☐ Leichte Austauschbarkeit der Montagewerkzeuge
▓ Forderung   ☐ Wunsch

Bild 3.10: Anforderungen an Gesamtsysteme zur flexibel automatisierten Montage von Türabdichtungen

3.6.3 Anforderungen an die Teilsysteme

Neben den Anforderungen an das Gesamtsystem ergeben sich aus den Analyseergebnissen für die unterlagerten Teilsysteme weitere Anforderungslisten [32], die im folgenden basierend auf der funktionalen Gliederung aus Bild 3.9 dargestellt sind.

3.6.3.1 Anforderungen an das Handhabungssystem

Das Handhabungssystem muß das für den Montageprozeß notwendige Montagewerkzeug im Arbeitsraum verfahren und positionieren können. Dabei ist zu berücksichtigen, daß die Fügepositionen entlang des Türflansches auf einer komplexen, dreidimensionalen Bahn liegen. Um die geforderte Flexibilität bezüglich unterschiedlicher Karosserieformen zu erfüllen, bietet es sich an, einen bahnprogrammierbaren Industrieroboter einzusetzen. Da die Anforderungen an das Handhabungssystem durch die Eigenschaften marktgängiger Industrieroboter erfüllt werden, wird im folgenden das Handhabungssystem nicht weiter betrachtet.

3.6.3.2 Anforderungen an das Bereitstellungssystem

Türabdichtungen zeigen aufgrund ihres Aufbaus und des verwendeten Gummi- oder PVC-Materials spezifische Verhaltensweisen in der Teilebereitstellung. Hierzu zählen insbesondere ihre leichte Verformbarkeit, die Neigung zu Verdrillungen und zum Verhaken. Das Bereitstellungssystem muß diese unerwünschten Vorgänge ausschließen, um eine zuverlässige Montage zu ermöglichen. Die an das Bereitstellungssystem zu stellenden Anforderungen sind in Bild 3.11 zusammengefaßt.

Anforderungen an das Bereitstellungssystem
■ Vermeidung von Verdrillungen, Verformungen und Verhaken der Türabdichtungen
■ Bereitstellung unterschiedlicher Türabdichtungstypen (Aufbau, Farbe, Beschichtung, Länge)
■ Ausreichende Pufferkapazität von > 30 min
■ Automatische Vereinzelung der Türabdichtungen
■ Automatische Übergabe der Türabdichtung an das Handhabungssystem
■ Bereitstellung der Türabdichtung mit durchgängig nach außen weisendem Klemmaul
■ Minimaler Beschickungsaufwand • Einfache Durchführbarkeit durch geeignete Beschickungshilfsmittel • Gute Zugänglichkeit beider Karosserieseiten
▢ Geringer Aufwand für die Verpackung beim Hersteller der Türabdichtungen
▢ Prozeßüberwachung der Entnahme
▢ Überwachung des Beschickungsprozesses und des Füllstandes
▢ Temperierung der Türabdichtungen im Puffer (insbesondere bei Türabdichtungen aus PVC)
■ Forderung   ▢ Wunsch

Bild 3.11: *Anforderungen an das Bereitstellungssystem zur flexibel automatisierten Türabdichtungsmontage*

3.6.3.3 Anforderungen an das Fügesystem

Zentraler Bestandteil des Montagewerkzeugs zur Türabdichtungsmontage ist das Fügesystem, dem aufgrund der Charakteristika des biegeschlaffen Fügeteils hohe Bedeutung zukommt. Den hohen benötigten Kräften zum Fügen der Türabdichtung stehen deren leichte Beschädigbarkeit und Verformbarkeit gegenüber. Das Fügesystem muß die Kraft in geeigneter Höhe, Position und Orientierung auf die Türabdichtung übertragen, um einen sicheren Fügeprozeß zu ermöglichen. Die Anforderungen an das Fügesystem sind in <u>Bild 3.12</u> zusammengefaßt.

Anforderungen an das Fügesystem
▓ Aufbringung und Abstützung der maximalen Montagekräfte bis 800 N
▓ Einstellbarkeit der Fügekräfte in Abhängigkeit von der Flanschbreite
▓ Fügen für unterschiedliche Türflanschverläufe und Abmessungen
▓ Beschädigungsfreie Montage der Türabdichtung
▓ Geringe Energien zum Fügen < 500 Nmm
▓ Fügen der Restlänge und gegebenenfalls der Stoßstelle der Türabdichtung
▓ Kompakter Aufbau und geringer benötigter Fügefreiraum < 30 mm in Richtung Karosserieinnenraum wegen Störkonturen durch Cockpit, Kabelbaum, Verkleidungs- und Anbauteilen
▓ Einhaltung der kleinsten in der Großserienmontage vorkommenden Taktzeiten von 50 s
▓ Hohe Standzeiten des Werkzeugs und leicht austauschbare Verschleißteile
▓ Einfache Umrüstbarkeit auf neue Karosserietypen
▓ Sicheres Umlenkverhalten in engen Flanschradien ≥ 60 mm des Türflansches
☐ Ausnutzung der Selbstzentrierung der Türabdichtung auf dem Türflansch als Führung
☐ Möglichkeit zur Verarbeitung ringförmig geschlossener Türabdichtungen
☐ Geringe Geräuschentwicklung < 85 dB(A)
☐ Geringer Energieverbrauch
☐ Überwachung des Fügevorgangs und der Montagequalität
▓ Forderung   ☐ Wunsch

Bild 3.12: Anforderungen an das Fügesystem zur flexibel automatisierten Türabdichtungsmontage

3.6.3.4 Anforderungen an das Führungssystem

Dem Führungssystem kommt die Aufgabe zu, die zunächst aus der Teilebereitstellung weitgehend verformungs- und verdrillungsfreie Türabdichtung dem Füge-system zuzuführen und diesen Ordnungszustand bis zum abgeschlossenen Fügeprozeß aufrechtzuerhalten. Bild 3.13 zeigt wesentliche Anforderungen, die an ein Führungssystem für Türabdichtungen zu stellen sind.

Anforderungen an das Führungssystem
▨ Vermeidung von starken Deformationen und Verdrillungen der Türabdichtungen
▨ Führung mit minimalen Seiten- und Scherkräften
▨ Beschädigungsfreie Führung der Türabdichtung
▨ Selbstzentrierende, reibungsarme Führung der Türabdichtung
▨ Flexibilität bezüglich unterschiedlicher Türabdichtungstypen
▨ Kompakte Bauform der Führungen mit wenig Störkonturen
▨ Möglichkeit zum Greifen der Türabdichtung zur Entnahme aus dem Bereitstellungssystem
▨ Einfaches und sicheres Schließen und Lösen der Führungen
▨ Vororientierung und Feinpositionierung der Türabdichtung in Richtung des Fügesystems
▨ Kollisionsfreie Führung der Türabdichtung im Bereich der Störkonturen von Cockpit und Verkleidungsteilen und im Bereich enger Radien des Türflansches
☐ Führungsprozeßüberwachung
▨ Forderung   ☐ Wunsch

Bild 3.13: Anforderungen an das Führungssystem zur flexibel automatisierten Türabdichtungsmontage

3.6.3.5 Anforderungen an das Toleranzausgleichssystem

Das Toleranzausgleichssystem muß sämtliche Toleranzen des Füge- und des Basisteils ausgleichen, um den Fügeprozeß mit hoher Verfügbarkeit sicherzustellen. Bei der Montage von Türabdichtungen hat der Toleranzausgleich zwei Aspekte. Dies sind der Ausgleich von Toleranzen

- beim erstmaligen Ansetzen der Türabdichtung am Türflansch und
- während des eigentlichen Fügeprozesses entlang des Türflansches.

Bild 3.14 zeigt die Anforderungen an das Toleranzausgleichssystem des Montage-werkzeugs.

Anforderungen an das Toleranzausgleichssystem
▦ Ausgleich der Schweiß-, Preß- und Positionierungstoleranzen der Karosserie, der Toleranzen von Türabdichtung, Montagewerkzeug und Handhabungssystem mit einem Gesamtbetrag von 8 mm.
▦ Ausgleich von Unregelmäßigkeiten am Flansch (überstehende Bleche, Heftlaschen, Auswölbungen, Verunreinigungen mit PVC-Abdichtmasse)
▦ Ausgleich von Toleranzen beim Ansetzen auf < 1 mm genau
▦ Von der Größe der Toleranz unabhängige, geringe Rückwirkung auf die Türabdichtung
▦ Kurze Reaktions- und Toleranzausgleichszeit < 0,5 s
▦ Ausgleich von Ungenauigkeiten bei der Bahnprogrammierung des Handhabungsgeräts
▦ Störsicherheit gegenüber Umgebungseinflüssen
☐ Vermessung und Dokumentation der auftretenden Toleranzen
▦ Forderung   ☐ Wunsch

Bild 3.14: Anforderungen an das Toleranzausgleichssystem zur flexibel automatisierten Türabdichtungsmontage

4 Konzeption von Systemen zur Montage von Türabdichtungen

4.1 Konzeption alternativer Gesamtsysteme

Die Analyseergebnisse zeigen, daß für verschiedene Kraftfahrzeuge unterschiedliche Randbedingungen bezüglich Taktzeit, Anzahl zu montierender Türabdichtungen pro Fahrzeug und Varianten von Türabdichtungen zu beachten sind. Trotzdem bestehen einheitliche Voraussetzungen bezüglich der Geometrie der Türabdichtungen und der Türflansche, so daß eine Entwicklung von allgemeingültigen Gesamtkonzepten zur flexiblen Automatisierung der Montage von Türabdichtungen möglich ist.

Der Aufbau des Gesamtsystems wird wesentlich durch die geforderte Taktzeit bei der Montage bestimmt. Die maximale Ausbringung einer Anzahl n_{max} von Fahrzeugen einer Montagezelle pro Tag durch n_{IR} Industrieroboter bei n_{Td} zu montierenden Türabdichtungen pro Fahrzeug ist abhängig von der Dauer einer Schicht t_{Sch}, der Anzahl der Schichten pro Tag n_{Sch}, den Zeiten zum Bereitstellen von Karosserie t_{BK} und Türabdichtung t_{BTd}, der Zeit zur Montage der Türabdichtung t_{MTd} sowie der erreichbaren Verfügbarkeit V. Unter der Annahme, daß die vorhandenen Industrieroboter die Türabdichtungen parallel montieren und die Bereitstellung der Türabdichtungen und der Karosserie ebenfalls parallel erfolgen können, beträgt die maximale Ausbringung

$$n_{max} = \frac{t_{Sch} \cdot n_{Sch} \cdot V}{Max\{t_{BK}, t_{BTd}\} + t_{MTd} \cdot \dfrac{n_{Td}}{n_{IR}}} \,. \tag{4.1}$$

Kann die geforderte Ausbringung mit je einem Industrieroboter pro Karosserieseite nicht erreicht werden, so muß ihre Anzahl verdoppelt werden.

Grundsätzlich lassen sich bei den Gesamtsystemen zwei Montageprinzipien unterscheiden. Dies ist zum einen das Montageprinzip, bei dem die Fahrzeugaufnahme aus dem sich kontinuierlich bewegenden Montageband ausgekoppelt wird, in einem Puffer zwischengespeichert und anschließend in die Türabdichtungsmontagestation bewegt und dort indexiert wird. Die Karosserie steht dabei während der Montage still. Beim zweiten Montageprinzip werden die Türabdichtungen am bewegten Montageband in kontinuierlich arbeitender Fließmontage montiert. Die Industrieroboter sind dabei entweder auf einer Linearachse befestigt und folgen synchron dem Montageband oder sie werden der bewegten Karosserie mittels sogenannter „Tracking-Systeme" nachgeführt. Bei diesen Systemen wird die Bewegung des Montagebandes sensorisch erfaßt und der Verfahrbewegung der ortsfesten Industrieroboter überlagert. Eine vergleichende und bewertete Gegenüberstellung von Gesamtsystemen mit zwei bzw. vier eingesetzten Industrierobotern zeigt <u>Bild 4.1</u>. Wegen des hohen Aufwandes für die Sensorik und des erschütterungsempfindlichen Fügevorgangs wird das System einer durch Puffer entkoppelten Vierroboterzelle ausgewählt. Die Fahrzeugausschleusung und Pufferung gehört zum Stand der Technik und wird im weiteren nicht verfolgt.

Schwerpunkt der Untersuchungen ist im weiteren die Montage der Türabdichtungen, die beispielhaft an einem einzelnen Türausschnitt der Karosserie betrachtet wird. Die hierbei gewonnen Ergebnisse lassen sich in einfacher Weise auf das Gesamtsystem erweitern.

Lösungs-alternative	Diskontinuierlich arbeitende Roboterzelle durch Puffer entkoppelt		Kontinuierlich, in Fließmontage arbeitende Roboterzelle	
Bewertungs-kriterien	$n_{IR} = 2$	$n_{IR} = 4$	$n_{IR} = 2$	$n_{IR} = 4$
Investitionsbedarf				
- Handhabungssystem	niedrig	mittel	mittel	hoch
- Sensorsystem	niedrig	niedrig	hoch	hoch
- Verkettungssystem	mittel	mittel	niedrig	niedrig
- Entwicklungsaufwand	niedrig	niedrig	hoch	hoch
Zugänglichkeit	●	O	◐	O
Platzbedarf	80 %	100 %	50 %	60 %
Taktzeit	100 s	50 s	90 s	45 s
Erschütterungsun-empfindlichkeit	●	●	◐	◐
Prozeßsicherheit	●	●	◐	◐
Entkopplung	●	●	O	O
Wartungsaufwand	70 %	100 %	130 %	150 %

● sehr gut   ◐ gut   O schlecht

Bild 4.1:   Konzeption von Gesamtsystemen

4.2   Bereitstellungssystem

Eine Übersicht über alternative Funktionsprinzipien zur Bereitstellung von Türabdichtungen sowie eine Bewertung ihrer Einsetzbarkeit für die automatisierte Montage zeigt <u>Bild 4.2</u>. Als bevorzugte Alternativen ergeben sich die

- vom Hersteller in ein Kassettenmagazine eingespulte, abgelängte Türabdichtungen. Das Kassettenmagazin wird dabei vom Montagewerkzeug gehandhabt.
- Bereitstellung der Türabdichtung in endloser Form auf einer Trommel zur kontinuierlichen Zuführung mit Ablängeinrichtung im Montagewerkzeug,
- Bereitstellung abgelängter, offener Türabdichtungen in einem Magazin und
- Bereitstellung ringförmig geschlossener Türabdichtungsringe in Hängeförderern mit umlaufenden Transporthaken und Vereinzelungseinrichtung.

Lösungs- alternative Prinzipbild Bewertungs- kriterien	Kassetten- magazin	Endlos auf Trommel	Abgelängt in Magazin	Ringe in Hängeförderer
Aufwand				
· Investition	60 %	50 %	60 %	100 %
· Logistik	200 %	50 %	80 %	100 %
· Variantenbereitst.	30 %	60 %	100 %	100 %
· Beschickung	70 %	60 %	120 %	100 %
· Hersteller	150 %	50 %	90 %	100 %
Verdrillsicherheit	●	◑	◑	◑
Erzielbarer Auto- matisierungsgrad	80 % *)	80 % *)	80 % *)	100 %
Platzbedarf	70 %	50 %	70 %	100 %
Wartungs- aufwand	120 %	70 %	80 %	100 %
Geschlossene Türabdichtung	○	○	○	●
● voll erfüllt ◑ teilweise erfüllt ○ nicht erfüllt *) Problem der Montage der Stoßstelle				

Bild 4.2:   Bewertete Lösungsalternativen für das Bereitstellungssystem

Die Analyseergebnisse zeigen, daß die Türabdichtungen überwiegend vor bzw. nach erfolgter Montage geschlossen werden. Deswegen muß bei den Lösungs-

- 41 -

alternativen, bei denen offene Türabdichtungen Verwendung finden, nach erfolgter Montage der Türabdichtung die Stoßstelle geschlossen werden. Da dies aus Gründen der hohen geforderten Verfügbarkeit und den angestrebten kurzen Taktzeiten nach dem heutigen Stand der Technik in automatisierter Ausführung als nicht machbar angesehen wird, wird für die weitere Entwicklung die Lösungsalternative mit ringförmig geschlossenen Türabdichtungen im Hängeförderer zugrunde gelegt. Diese Art der Bereitstellung gehört zum Stand der Technik und ist auf dem Markt verfügbar.

4.3 Fügesystem

Für das Fügesystem von Türabdichtungen wurden fünf alternative Lösungsprinzipien konzipiert und anhand der aufgestellten Bewertungskriterien in Bild 4.3 verglichen.

Lösungsalternative / Bewertungskriterien	Pressen	Spreizen	Schlagen	Rollen	Roll-Forming
Techn. Aufwand	150 %	200 %	100 %	100 %	120 %
Erzielbarer Automatisierungsgrad	50 %	50 %	100 %	100 %	100 %
Flexibilität bezüglich Türflanschform	○	◐	●	●	●
Prozeßsicherheit – Ansetzen	○	○	●	●	●
Prozeßsicherheit – Fügeprozeß	●	◐	●	◐	◐
Prozeßsicherheit – Fügen der Restlänge	entfällt	entfällt	●	◐	◐
Beschädigungssicherheit	●	◐	◐	○	○
Qualität	●	◐	●	◐	◐
Selbstzentrierung	entfällt	○	●	○	○
Niedrige Geräuschentwicklung	●	●	◐	●	●
Wartungsaufwand	60 %	150 %	100 %	120 %	140 %

● sehr gut   ◐ gut   ○ schlecht

Bild 4.3: Bewertete Lösungsalternativen für das Fügesystem

Beim Lösungsprinzip „Pressen" wird die Türabdichtung auf dem Türflansch manuell vorgeheftet. Der nachfolgende Fügevorgang wird mit einem in einen Formrahmen eingelegten, aufblasbaren Schlauch durchgeführt. Dieses System ermöglicht eine hohe Prozeßsicherheit des Fügeprozesses. Demgegenüber ist die Wirtschaftlichkeit aufgrund der hohen Investitionskosten, der geringen Flexibilität bezüglich unterschiedlicher Türausschnitte und des geringen Automatisierungsgrades als ungünstig zu bewerten. Systeme, bei denen die Türabdichtung mit starren Vorrichtungen eingespreizt werden, haben bei sehr hohem Investitionsaufwand nur eine sehr eingeschränkte Verfügbarkeit. Durch Vorversuche konnte bestätigt werden, daß schlagende Fügesysteme eine optimale Verfügbarkeit bei geringem technischen Aufwand ermöglichen. Der Grund hierfür ist darin zu sehen, daß die Türabdichtung beim „Schlagen" durch periodische Freigabe vom schlagenden Element mit geringen Eigenspannungen gefügt werden und sich die Führung zwischen dem Klemmaul der Türabdichtung und dem Türflansches frei ausbilden kann. Demgegenüber zeigen Systeme mit angetrieben Rollen eine deutlich eingeschränkte Verfügbarkeit und erhöhte Gefahr der Beschädigung, da die Prozesse nicht selbstzentrierend ablaufen.

Für die weiteren Untersuchungen wird daher das Fügesystem „Schlagen" zugrundegelegt.

4.4 Führungssystem

In Bild 4.4 sind vier alternative Lösungen für Führungssysteme von Türabdichtungen für das Fügesystem „Schlagen" bewertend gegenübergestellt. Im Rahmen der Vorversuche wurde ermittelt, daß bei Systemen mit angetriebenen Formrollen aufgrund der leichten Verformbarkeit der Türabdichtung kombiniert mit den hohen Reibungskoeffizienten von Gummi leicht Verwalkungen und Verdrillungen eintreten, die ein seitliches Entweichen und daran anschließend die Beschädigung der Türabdichtung zur Folge haben. Eine optimierte Variante mittels angetriebener Formscheibe wurde im Rahmen von Vorversuchen untersucht und zeigt eine ebenfalls nicht zufriedenstellende Verfügbarkeit aufgrund hoher Antriebskräfte und möglicher Beschädigung des Klemmauls. Eine leichte Verbesserung der Verfügbarkeit mittels angetriebener Bänder in einer U-Schiene kann nur durch eine unvertretbare Erhöhung des technischen Aufwandes erzielt werden. Als optimales Führungssystem hat sich das Prinzip der mehrfach kombinierten Rollen-Losführung erwiesen. Dabei wird ein selbstzentrierender Fügeprozeß der Türabdichtung auf

- 43 -

dem Türflansch durch das freie Spiel in der Führung ermöglicht und so eine hohe Prozeßsicherheit gewährleistet.

Lösungsalternative	Mehrfach-Rollen-Losführung	Angetriebene Formrollen	Angetriebene Formscheibe	Bandantrieb in U-Schiene
Prinzipbild / Bewertungskriterien				
Technischer Aufwand	100 %	180 %	160 %	250 %
Beschädigungssicherheit	●	○	○	◐
Deformations- u. Verdrillsicherheit	●	○	◐	◐
Flexibilität bzgl. Türabdichtungstypen	●	○	◐	◐
Geringe Störkontur	◐	●	●	○
Selbstzentrierung	ja	nein	nein	nein
Prozeßsicherheit				
- Führung schließen	●	◐	○	◐
- Führung öffnen	●	●	◐	◐
- Fügeprozeß	●	○	○	◐
- Fügen der Restlänge	●	◐	○	○
	● sehr gut	◐ gut	○ schlecht	

Bild 4.4: Bewertete Lösungsalternativen für das Führungssystem

4.5 Toleranzausgleichssystem

Die bei der automatisierten Türabdichtungsmontage zu berücksichtigenden Toleranzen betragen entsprechend den Analyseergebnissen 8 mm. Für einen sicheren Montageprozeß ist damit während des Fügens, insbesondere aber beim Ansetzen ein Ausgleich der auftretenden Toleranzen erforderlich.

Beim Ansetzen muß die Türabdichtung, wie Vorversuche ergeben haben, mit einer Genauigkeit von ± 1 mm in Fahrzeugquerrichtung relativ zum Türflansch positioniert werden, um einen sicheren Fügeprozeß zu erhalten. Der Ausgleich der Toleranzen beim Ansetzen kann mit gängigen, auf dem Markt erhältlichen, taktilen, induktiven oder optischen Tastern erzielt werden und wird in der weiteren Untersuchung nicht näher betrachtet.

Ein wesentlicher Entwicklungsbedarf ergibt sich aber im Bereich des Toleranzausgleichssystems für den Fügeprozeß der Türabdichtung. Aufgrund der kurzen Taktzeiten, der komplexen dreidimensionalen Türflanschgeometrie, des eingeschränkten Freiraumes in den engen Radien des Flansches und der geforderten Genauigkeit sind derartige Toleranzausgleichssysteme bisher nicht erhältlich.

Bild 4.5 zeigt alternative Konzepte für den Toleranzausgleich, die auf den Grundprinzipien

- passive Nachgiebigkeit im Montagewerkzeug,
- Vermessung im Montagewerkzeug mit integriertem Sensorsystem und
- Karosserievermessung mit Meßsystem an der Montagelinie

basieren.

Lösungs-alternative	Nachgiebigkeit im Werkzeug		Vermessung im Werkzeug		Karosserievermessung	
	Passiv	Aktiv kraftgeregelt	Optisch/ taktiler Taster	Bahnverfolgung induktiv	Visionsystem/ Laserscanner	Theodoliten-meßsystem
Toleranz-ausgleich						
- Ansetzen	nein	nein	ja	nein	ja	ja
- Fügen	ja	ja	nein	ja	ja	ja
Technischer Aufwand						
- Werkzeug	gering	mittel	gering	gering	-	-
- Peripherie	-	-	-	-	hoch	hoch
Programmieraufwand	entfällt	hoch	mittel	mittel	hoch	hoch
Prozeßsicherheit	●	◑	●	○	●	●
Zeitverhalten	kontinuierlich	kontinuierlich in Echtzeit	0,5 s Meßzeit	kontinuierlich in Echtzeit	3 s Meßzeit	3 s Meßzeit/ Meßpunkt
Platzbedarf	klein	klein	minimal	minimal	groß	sehr groß

● sehr gut   ◑ gut   ○ schlecht

Bild 4.5:   Bewertete Lösungsalternativen für das Toleranzausgleichssystem

Analog zur Nahtverfolgung beim Bahnschweißen kann eine Bahnkorrektur beim Fügeprozeß mit einem in das Montagewerkzeug integrierten induktiven Sensor realisiert werden. Als alternative Meßprinzipien kommen optische oder taktile

Sensoren in Frage. Dabei gehen die Meßzeiten jedoch voll in die Hauptzeit der Montage ein und bewirken eine Taktzeitverlängerung des Gesamtprozesses. Zudem muß eine derartige Sensorik dem komplex geformten Türflansch nachgeführt werden, was insbesondere in den engen Radien des Türflansches und beim Fügen der Restlänge zu Kollisionsproblemen führen kann.

Die Karosserievermessung mit stationär an der Montagelinie installierten Meßsystemen ermöglicht die exakte Vermessung charakteristischer Punkte auf dem Türflansch. Dabei können Theodolitenmeßsysteme oder Laserscanner in Verbindung mit dreidimensionalen Bildverarbeitungssystemen zum Einsatz kommen, was jedoch mit erheblichem Investitions- und Programmieraufwand verbunden ist und aufgrund der langen Meßzeiten nur Aussagen an wenigen Punkten des Türflansches zuläßt.

Eine kostengünstige und prozeßsichere Alternative für den Toleranzausgleich während des Fügens ist die Integration einer Nachgiebigkeit in das Montagewerkzeug. Dies kann zum einen mit Hilfe von aktiven Systemen geschehen, bei denen die Fügekraft über eine Kraftmeßeinrichtung erfaßt wird und das Montagewerkzeug in einem Regelprozeß so verfahren wird, daß diese Kräfte im gewünschten Bereich zu liegen kommen. Die andere Alternative ergibt sich im Einsatz von passiv arbeitenden Systemen zur Realisierung einer Nachgiebigkeit im Montagewerkzeug. Wie die Bewertung in Bild 4.5 zeigt, ist dabei diesen passiv arbeitenden Systemen der Vorzug zu geben. Der Schwerpunkt der weiteren Entwicklungen wird deshalb auf diese Systemklasse gelegt. Sie muß für das ausgewählte Fügesystem Schlagen auf der Basis theoretischer Untersuchungen ausgelegt und experimentell angepaßt werden.

5 Entwicklung eines Fügesystems

5.1 Phasenmodell des Fügeprozesses

Das ausgewählte Montageverfahren, dem das Fügeverfahren des Einschlagens von geschlossen vorliegenden Türabdichtungen zugrunde liegt, teilt sich auf in die drei Fügephasen

- Ansetzen der Türabdichtung am Türflansch der Karosserie,
- kontinuierliches Fügen entlang des Türflansches und
- Fügen der Restlänge.

Die drei Fügephasen werden zeitlich nacheinander durchlaufen (Bild 5.1).

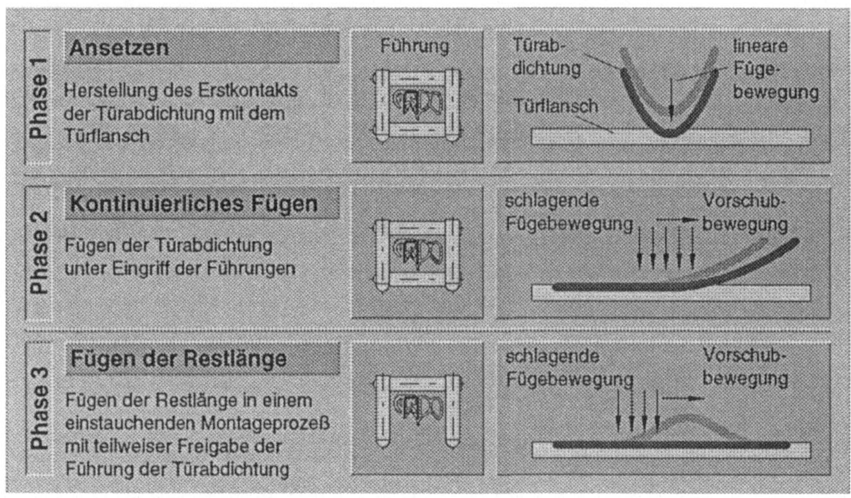

Bild 5.1: Phasenmodell des Fügeprozesse bei der Montage von Türabdichtungen

Nach der Entnahme der Türabdichtung aus der Teilebereitstellung beginnt die erste Fügephase, das *Ansetzen*. Dabei wird die durch das Montagewerkzeug gehaltene Türabdichtung vom Industrieroboter vor der ersten Fügestelle, der Ansetzstelle, positioniert und durch eine lineare Fügebewegung auf den Türflansch gefügt. In der sich anschließenden Phase 2, dem *kontinuierlichen Fügen*, wird die Türabdichtung durch schlagende Bewegungen des Fügesystems entlang dem Türflansch der Karosserie gefügt. Das Montagewerkzeug wird hierbei vom Industrieroboter so positioniert und orientiert, daß die Türabdichtung durch das Führungssystem frei von starken Verformungen geführt werden kann und ohne Verdrillung auf die Fügestelle am schlagenden Element zuläuft. In dieser Fügephase umschließen die mehrfach kombinierten Rollen-Losführungen die Türabdichtung zur Gewährleistung einer sicheren Führung vollständig. In der Phase 3, dem *Fügen der Restlänge*, wird die Überlänge der geschlossen als Ring vorliegenden Türabdichtung in einem schlagenden Fügeprozeß verstauchend eingebaut. Diese Fügephase wird durch das Öffnen der Führungen eingeleitet, die die Türabdichtung dann in Richtung auf den Türflansch freigeben, um ein vollständiges Fügen zu ermöglichen.

5.2   Ermittlung der Einflußfaktoren auf den Fügeprozeß

Die Montage von Türabdichtungen wird durch spezifische Einflußparameter charakterisiert, die im Rahmen von Vorversuchen ermittelt wurden und in <u>Bild 5.2</u> aufgeführt sind. Die wichtigsten Einflußfaktoren auf den Fügeprozeß sind hierbei

- die Klemmaulweite der Türabdichtung,
- die Breite des Türflansches,
- die Höhe der Fügekräfte und
- der Abstand zwischen zwei aufeinanderfolgenden Schlägen beim Fügen.

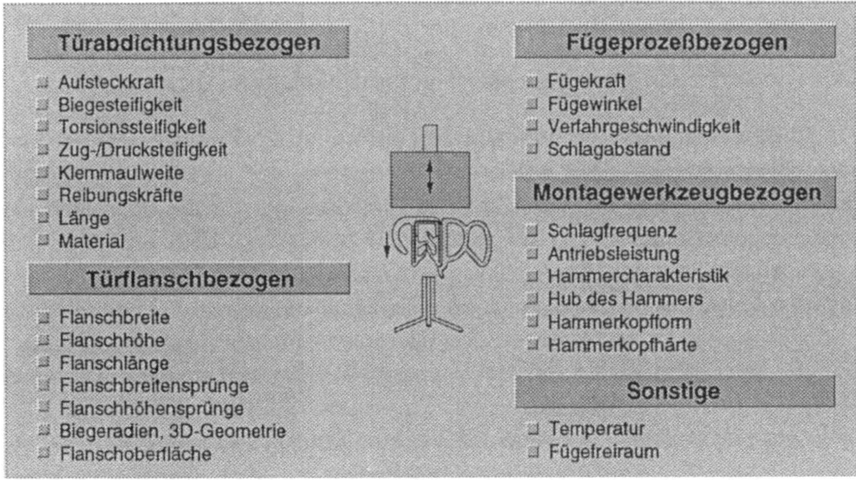

Bild 5.2: Einflußfaktoren auf den Fügeprozeß von Türabdichtungen beim schlagenden Fügeprinzip

Als kritisch erweist sich insbesondere die Höhe der Fügekraft. Hohe Werte führen zu Aufweitungen und Beschädigungen des Klemmauls, zu hoher Geräuschentwicklung durch Schwingungsanregung der Karosserie, zu verstärktem Verschleiß am schlagenden Element und zu starken Vibrationen des Montagewerkzeugs und des Industrieroboters. Zu geringe Werte der Fügekraft hingegen haben eine unvollständig und wellig montierte Türabdichtung zur Folge.

5.3 Theoretische Betrachtung des Fügeprozesses

Ziel der theoretischen Betrachtung ist die Ermittlung der minimal benötigten Fügekräfte und der minimalen Anzahl der benötigten Schläge bei der automatisierten Montage von Türabdichtungen nach dem schlagenden Fügeverfahren. Auf diese Weise läßt sich ein optimales Fügeergebnis sicherstellen bei gleichzeitiger Minimierung der Taktzeiten. Die Beschädigungsgefahr der Türabdichtung soll durch Ermittlung des minimalen Energiebedarfs pro Schlag reduziert werden. Der Abstand zwischen zwei aufeinanderfolgenden Schlägen des Fügesystems wird im folgenden als Schlagabstand bezeichnet. Aufgrund des nichtlinearen Verhaltens der Türabdichtung und der starken Verformungen ist eine analytische Bestimmung der Fügekräfte nach der klassischen Balkentheorie nicht möglich. Es wird daher ein Ersatzmodell für den Fügeprozesses benötigt, das das reale System hinreichend genau beschreibt.

5.3.1 Aufstellung eines mechanischen Ersatzmodells für den Fügeprozeß

Für die Berechnung wird die Türabdichtung als ebenes Modell aus einer Kette von Bernoulli-Biegebalken in Kombination mit Dehnstäben modelliert. Die Biegebalken simulieren hierbei das Biegeverhalten der Türabdichtung und die Dehnstäbe die Verkürzung der Türabdichtung, die insbesondere beim Fügen der Restlänge auftritt. Der Widerstand, den der Türflansch dem einzelnen Element der Türabdichtung beim Fügen entgegen bringt, wird durch eine Federbettung modelliert. Hierbei greift zusätzlich an den Knoten zwischen zwei Elementen eine vom Fügeweg abhängige Kraft an, die in <u>Bild 5.3</u> durch Rastfedern dargestellt sind. Diese nichtlinearen Federn wirken nur in einer Richtung und weisen keine elastischen Rückstellkräfte auf. Dies entspricht dem Verhalten der Türabdichtung, die nachdem sie montiert ist, auch bei Wegnahme der Fügekraft nicht wieder zurückfedert. Die Rastfedern besitzen einen Endanschlag, der im Rechengang Wirksamkeit erlangt, sobald die Türabdichtung den maximalen Fügeweg s_{max} zurückgelegt hat.

Vereinfachend erfolgt der Fügevorgang der Türabdichtung im Ersatzmodell quasistatisch, d.h. dynamische Einflüsse der Massenbeschleunigung werden vernachlässigt. Diese Betrachtungsweise ist zulässig, da die Massenkräfte gegenüber den eigentlichen Fügekräften gering sind.

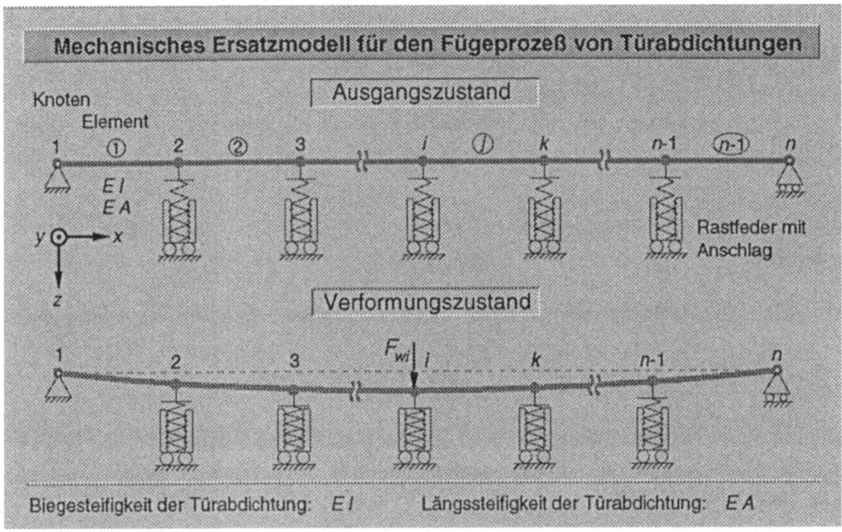

Bild 5.3: Mechanisches Ersatzmodell für die Betrachtung des Fügeprozesses

Gegenüber den in [29] vorgestellten Verfahren wird die Türabdichtung beim hier betrachteten Modell nicht unter exakter Nachbildung der kompletten Geometrie in drei Dimensionen modelliert. Der komplizierte Verbundaufbau der Türabdichtung aus Elastomerwerkstoff, Metallseele und Verstärkungsfäden sowie die komplexe Geometrie werden gemäß dem obigen Modell vereinfacht. Dies ist auch insoweit sinnvoll, da eine weitergehende Modellierung aufgrund der experimentell schwer zu ermittelnden Parameter des Elastomers und der komplexen Reibungseffekte zwischen Türabdichtung und Türflansch nur mit einem sehr aufwendigen numerischen Berechnungsverfahren durchgeführt werden kann. Die Zulässigkeit dieses Ansatzes wird anschließend experimentell verifiziert.

Aus der Baustatik sind analytische Verfahren bekannt, bei denen das Problem des elastisch gebetteten Balkens zur Erfassung der Boden-Bauwerk-Interaktion untersucht wird [33]. Aufgrund der nichtlinearen Kennlinien der Rastfedern und des vorhandenen Endanschlags sind diese Verfahren im vorliegenden Fall nicht anwendbar.

5.3.2 Mathematisches Modell des Fügeprozesses

Da die Kraftverteilung entlang der Türabdichtung unbekannt ist, kann die Biegelinie nicht analytisch ermittelt werden. Es ist daher eine iterative Vorgehensweise erforderlich, bei der die Türabdichtung schrittweise gefügt wird und aus der sich ergebenden Biegelinie die Belastungen neu ermittelt werden können.

Nach diesem Ansatz wird jeweils eine kleine Fügekraft an dem zu betrachtenden Knoten eingeleitet und die daraus resultierende Biegelinie berechnet. Das System wird hierbei während eines Iterationsschrittes als linear angenommen. Durch eine entsprechend feine Abstufung der Kräfte wird gewährleistet, daß diese dem realen System hinreichend genau folgen. Die Rechnung endet, wenn der geometrisch vorgegebene maximale Fügeweg am Knoten, an dem die Kraft eingeleitet wird, erreicht ist.

Das für die nachfolgenden Herleitungen zugrunde gelegte eindimensionale Türabdichtungselement *j* mit den zugehörigen Knotenverschiebungen, Knotenkräften und -momenten zeigt <u>Bild 5.4</u>.

Ausgangspunkt der Herleitung ist der Arbeitssatz, nachdem die Summe aller inneren und äußeren Arbeiten für ein abgeschlossenes System beim Übergang von der unverformten zur verformten Lage Null ergibt. Es gilt

$$\sum W = \sum W_i + \sum W_a = 0 \qquad\qquad (5.1)$$

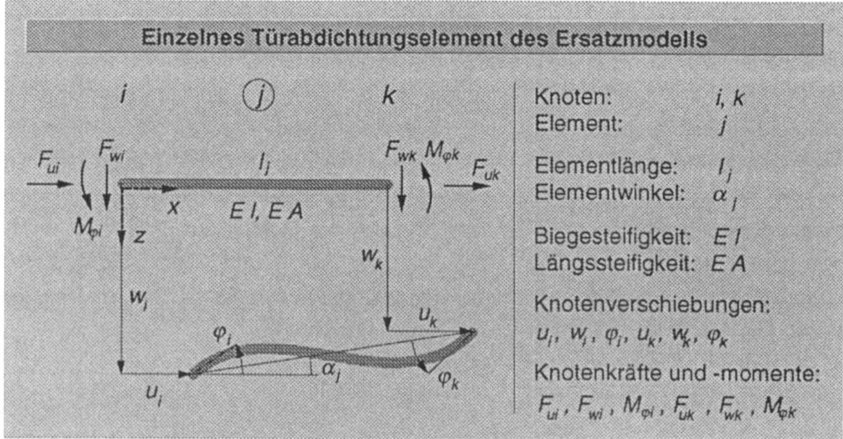

Bild 5.4: Betrachtung eines Türabdichtungselements

Für ein Tragwerk, das aus einer endlichen Anzahl diskreter Elemente besteht, gilt die folgende Beziehung zwischen dem Lastvektor der äußeren Lasten $\mathbf{f}_j$, dem Vektor der gesuchten Knotenverschiebungen $\mathbf{v}_j$ und der Steifigkeitsmatrix $\mathbf{k}_j$ des Elements j [33, 34, 35]:

$$\mathbf{f}_j = \mathbf{k}_j \cdot \mathbf{v}_j \tag{5.2}$$

Für das betrachtete Türabdichtungselement lautet diese Beziehung in der Ebene

$$
\begin{bmatrix} F_{ui} \\ F_{wi} \\ M_{\varphi i} \\ F_{uk} \\ F_{wk} \\ M_{\varphi k} \end{bmatrix}
=
\begin{bmatrix}
\dfrac{EA}{l_j} & 0 & 0 & -\dfrac{EA}{l_j} & 0 & 0 \\[2mm]
0 & \dfrac{12\,EI}{l_j^{\,3}} & -\dfrac{6\,EI}{l_j^{\,2}} & 0 & -\dfrac{12\,EI}{l_j^{\,3}} & -\dfrac{6\,EI}{l_j^{\,2}} \\[2mm]
0 & -\dfrac{6\,EI}{l_j^{\,2}} & \dfrac{4\,EI}{l_j} & 0 & \dfrac{6\,EI}{l_j^{\,2}} & \dfrac{2\,EI}{l_j} \\[2mm]
-\dfrac{EA}{l_j} & 0 & 0 & \dfrac{EA}{l_j} & 0 & 0 \\[2mm]
0 & -\dfrac{12\,EI}{l_j^{\,3}} & \dfrac{6\,EI}{l_j^{\,2}} & 0 & \dfrac{12\,EI}{l_j^{\,3}} & \dfrac{6\,EI}{l_j^{\,2}} \\[2mm]
0 & -\dfrac{6\,EI}{l_j^{\,2}} & \dfrac{2\,EI}{l_j} & 0 & \dfrac{6\,EI}{l_j^{\,2}} & \dfrac{4\,EI}{l_j}
\end{bmatrix}
\cdot
\begin{bmatrix} u_i \\ w_i \\ \varphi_i \\ u_k \\ w_k \\ \varphi_k \end{bmatrix}
\cdot \tag{5.3}
$$

Da sich die Türabdichtung infolge der aufgebrachten Fügekräfte stark krümmt, kann bei den einzelnen Iterationsschritten nicht mehr von einem geraden und horizontal liegenden Balken ausgegangen werden. Die Drehlage der einzelnen Türabdichtungselemente muß nach jedem Iterationsschritt berücksichtigt werden. Dies geschieht durch die Transformation vom lokalen Elementkoordinatensystem in das globale xy-Koordinatensystem entsprechend der Transformationsvorschrift

$$\mathbf{k}_j{}' = \mathbf{T}_j{}^T \cdot \mathbf{k}_j \cdot \mathbf{T}_j \tag{5.4}$$

mit der Transformationsmatrix

$$
\mathbf{T}_j =
\begin{bmatrix}
\cos\alpha_j & \sin\alpha_j & 0 & 0 & 0 & 0 \\
-\sin\alpha_j & \cos\alpha_j & 0 & 0 & 0 & 0 \\
0 & 0 & 1 & 0 & 0 & 0 \\
0 & 0 & 0 & \cos\alpha_j & \sin\alpha_j & 0 \\
0 & 0 & 0 & -\sin\alpha_j & \cos\alpha_j & 0 \\
0 & 0 & 0 & 0 & 0 & 1
\end{bmatrix},
\tag{5.5}
$$

die die Drehung des Türabdichtungselements j um den Winkel α_j beschreibt. Für diesen Winkel gilt nach Bild 5.4

$$\alpha_j = \arcsin \frac{w_k - w_i}{l_j} \tag{5.6}$$

Die Türabdichtung wird nun in ihrer gesamten Länge aus den vorangehend betrachteten einzelnen Türabdichtungselementen zusammengesetzt. Die einzelnen Elementsteifigkeitsmatrizen $\mathbf{k'}_j$ werden hierzu zur Gesamtsteifigkeitsmatrix $\mathbf{K'}$ zusammengefügt. Wegen des einfachen Aufbaus des mechanischen Ersatzmodells, bei dem die n-1 einzelnen Türabdichtungselemente hintereinander in einer eindimensionalen Kette angeordnet sind, geschieht die Überlagerung der einzelnen Elementsteifigkeitsmatrizen zu einer Bandmatrix in der Form

$$\mathbf{K'} = \begin{bmatrix} \mathbf{k'}_1 & & & & & \\ & \mathbf{k'}_2 & & & 0 & \\ & & \mathbf{k'}_3 & & & \\ & & & \mathbf{k'}_4 & & \\ & & & & \ddots & \\ & 0 & & & & \mathbf{k'}_{n\text{-}1} \\ \end{bmatrix} . \tag{5.7}$$

Die sich überlappenden Bereiche in der Matrix der Gl. (5.7) werden hierbei addiert.

Die vom Fügeweg abhängige, nichtlineare Steifigkeit der Rastfedern c des einzelnen Türabdichtungselements wird in Form der Rastfedermatrix $\mathbf{c}$ modelliert. Die Rastfedersteifigkeit hängt von der Elementlänge l_j ab und wird auf die jeweils benachbarten Knoten je zur Hälfte symmetrisch aufgeteilt. Damit ergibt sich eine Diagonalmatrix der Form

$$\mathbf{c} = \mathrm{diag}\left(0 \quad \frac{c(w_1) + c(w_2)}{2} \quad 0 \quad \cdots \quad 0 \quad \frac{c(w_{n-1}) + c(w_n)}{2} \quad 0 \right) . \tag{5.8}$$

Die Steifigkeit der Rastfedern trägt zur Erhöhung der Steifigkeit an den einzelnen Knoten in z-Richtung bei und wird zur Gesamtsteifigkeitsmatrix $\mathbf{K'}$ addiert. Für die neue Gesamtsteifigkeitsmatrix ergibt sich somit

$$\mathbf{K} = \mathbf{K'} + \mathbf{c} \tag{5.9}$$

Das für jeden einzelnen Iterationsschritt zu lösende lineare Gleichungssystem für das Gesamtsystem lautet analog zu Gl. (5.2)

$$\mathbf{F} = \mathbf{K} \cdot \mathbf{V} \tag{5.10}$$

Hierbei ist **V** der Verschiebungsvektor des Gesamtsystems, in dem die gesuchten Verschiebungen an den Knoten zu einem Vektor zusammengefaßt sind.

$$\mathbf{V} = \begin{bmatrix} u_1 & w_1 & \varphi_1 & \cdots & u_m & w_m & \varphi_m & \cdots & u_n & w_n & \varphi_n \end{bmatrix}^T \tag{5.11}$$

Durch die Lagerung der Enden der Türabdichtung sind je nach Fügephase die in <u>Bild 5.5</u> dargestellten Verschiebungen in Form von Randbedingungen festzusetzen.

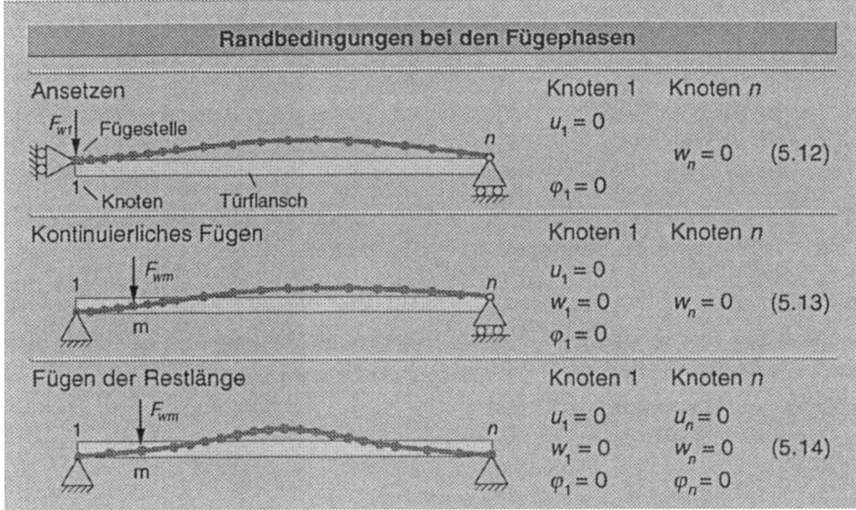

Bild 5.5:   Randbedingungen bei den Fügephasen

Im Lastvektor **F** der Gl. (5.10) sind die äußeren Kräfte und Momente des Gesamtsystems zusammengefaßt. Dieser Vektor ergibt sich zu

$$\mathbf{F} = \begin{bmatrix} F_{u1} & F_{w1} & M_{\varphi 1} & \cdots & F_{um} & F_{wm} & M_{\varphi m} & \cdots & F_{un} & F_{wn} & M_{\varphi n} \end{bmatrix}^T \tag{5.15}$$

Die einzige äußere Last beim Fügen der Türabdichtung ist der Fügekraftschritt F_{Fv} am Knoten m mit

$$F_{wm} = F_{Fv} . \tag{5.16}$$

Alle anderen Elemente in Gl. (5.15) besitzen den Wert Null.

Für jeden vorgegebenen Fügekraftschritt läßt sich das Gleichungssystem Gl. (5.10) zusammen mit den Randbedingungen aus den Gln. (5.12) bis (5.14) und (5.16) lösen. Die Iteration ist beendet, sobald der maximale Fügeweg s_{max} am Knoten m erreicht ist und damit die Türabdichtung an diesem Knoten vollständig gefügt ist.

Um die gesuchte Fügekraft F_F zu erhalten, müssen alle Schritte der Fügekraft F_{Fv} der insgesamt v_{max} Iterationsschritte summiert werden. Es gilt

$$F_F = \sum_{v=1}^{v_{max}} F_{Fv} \ . \tag{5.17}$$

Die Fläche unter der zugehörigen Kraft-Weg-Kurve entspricht der verrichteten Fügearbeit W_F

$$W_F = \sum_{v=1}^{v_{max}} F_{Fv} \cdot w_{mv} \tag{5.18}$$

5.3.3 Ermittlung der Parameter des Ersatzmodells

Für die Berechnung der Biegelinien, der Fügekräfte und der Fügearbeit müssen die unbekannten Größen des Ersatzmodells experimentell bestimmt werden. Dies sind die Steifigkeitsparameter des angesetzten Biegebalkens und Dehnstabs sowie die Steifigkeit der Rastfedern.

5.3.3.1 Ermittlung der Steifigkeitsparameter

Für die Ermittlung der Biegesteifigkeit $E\,I$ des Biegebalkens und der Längssteifigkeit $E\,A$ des Dehnstabs im Ersatzmodell wurde ein Versuchsaufbau erstellt, der in Bild 5.6 abgebildet ist. Bei den Versuchen wurden Türabdichtungsabschnitte mit bekannter Länge verformt. Dabei wurden die Biege- bzw. Längskräfte über dem Weg mit Hilfe eines Kraftaufnehmers aufgezeichnet. Um auf zusätzliche Meßeinrichtungen verzichten zu können, wurde zur exakten Wegvorgabe das Wegmeßsystem des Industrieroboters der späteren Pilotzelle verwendet. Vereinfachend wird hierbei angenommen, daß die im Zugversuch ermittelte Längssteifigkeit in der Umgebung des unverformten Zustands derjenigen für Druckbelastung entspricht, insbesondere da die Türabdichtung beim Fügen einer stauchenden Belastung ausgesetzt ist.

Die gemessenen Kraft-Weg-Verläufe und die Auswertungen sind in Bild 5.7 dargestellt. Die Kurven zeigen über einen weiten Bereich annähernd lineare Verläufe und bestätigen somit die Annahme konstanter Werte für die Steifigkeiten im Ersatzmodell.

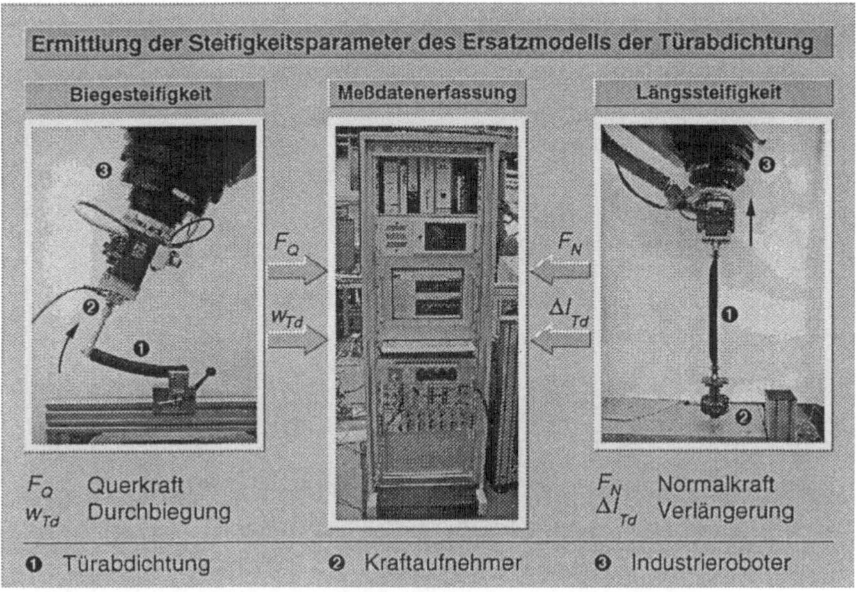

Bild 5.6: Versuchsanordnungen zur Ermittlung der Steifigkeiten

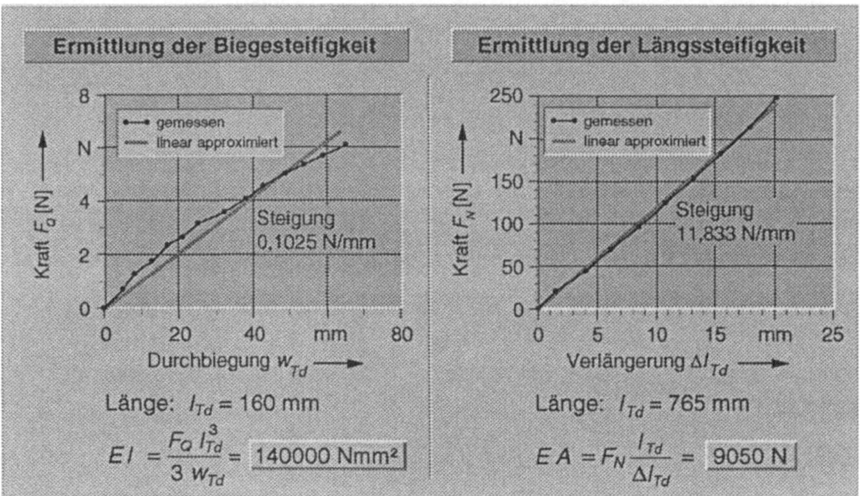

Bild 5.7: Ermittlung der Steifigkeiten für das Ersatzmodell der verwendeten
Türabdichtung

5.3.3.2 Ermittlung der Rastfedersteifigkeiten

Die Rastfedersteifigkeit ist nichtlinear vom Fügeweg und der Flanschbreite abhängig. Da im Ersatzmodell und der späteren Rechnung die Längen der einzelnen Türabdichtungselemente unterschiedlich sind, muß die Rastfedersteifigkeit auf die Länge bezogen werden. Für die Versuche wurden definierte Türabdichtungsabschnitte mit einer Länge von 100 mm gewählt. Für andere Längen müssen die Steifigkeiten proportional umgerechnet werden.

Den Versuchssaufbau zur Ermittlung der Rastfedersteifigkeiten zeigt <u>Bild 5.8</u>.

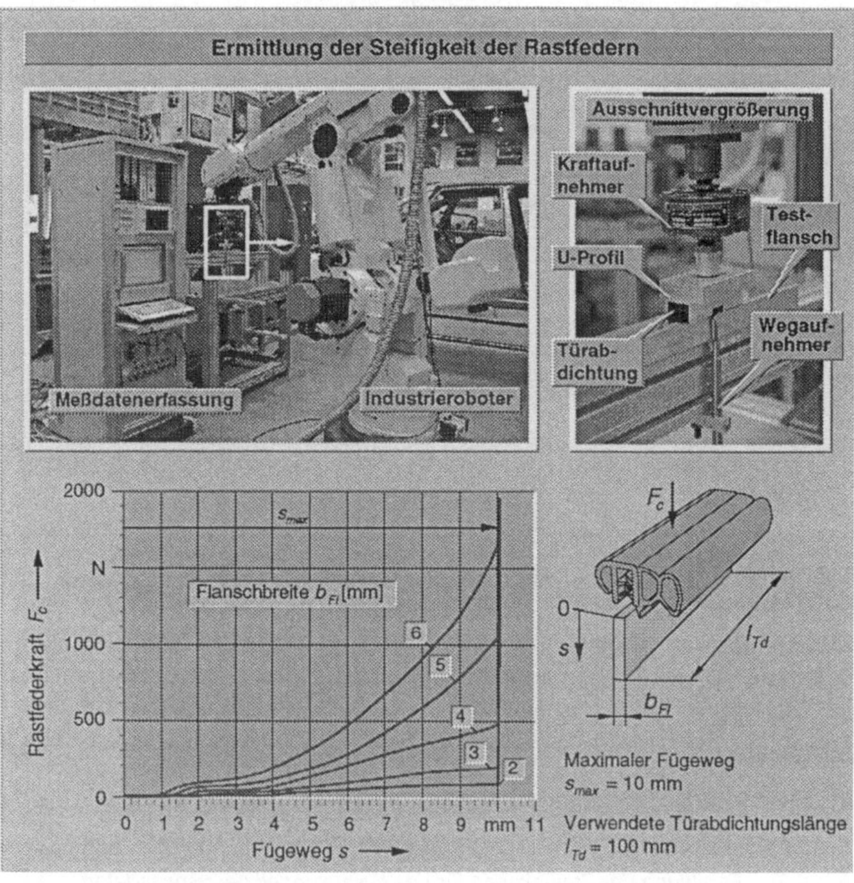

Bild 5.8:   Versuchsaufbau zur Ermittlung der Rastfedersteifigkeiten

Der Versuchsaufbau besteht aus

- einem Industrieroboter zur Vorgabe des Fügewegs,
- musterhaften Testflanschen in Form von lackierten Winkelprofilen,
- einer U-förmigen Hilfsvorrichtung zum Führen der Türabdichtungsabschnitte,
- einem Kraftaufnehmer zur Erfassung der Rastfederkräfte,
- einem Wegaufnehmer zur exakten Messung des Fügewegs und
- einem PC mit Meßwerterfassung zur Kennlinienaufnahme.

Die Flanschbreiten der Testflansche werden den Analyseergebnissen entsprechend im Bereich zwischen 2 und 6 mm in Millimeterabstufung gewählt. Die Türabdichtungsabschnitte werden bei den Versuchen auf die Testflansche gefügt. Dabei werden die Rastfederkräfte über dem Fügeweg aufgenommen. Die gemessenen Verläufe zeigt Bild 5.8. Der maximale Fügeweg s_{max} beträgt 10 mm. Darüber steigen die Kräfte sehr stark an, da die Türabdichtungsabschnitte nicht weiter gefügt sondern nur noch elastisch verformt werden.

5.3.4 Modellrechnung und Ergebnisse

Mit den experimentell ermittelten Parametern lassen sich die Biegelinien, die Kräfte und die Arbeit beim Fügen von Türabdichtungen berechnen.

Für die Berechnung wird ein Türabdichtungsabschnitt mit einer Gesamtlänge von 200 mm betrachtet. Diese Länge erweist sich für die Betrachtungen als ausreichend, da der Austritt der Türabdichtung aus dem Türflansch innerhalb dieses Bereiches erfolgt. Die Rastfedersteifigkeit wird im Berechnungsmodell durch sechs verbundene Geradenstücke linearisiert, um die in Bild 5.8 ermittelten Kurven abzubilden.

Die Berechnung wird für die Flanschbreiten 2, 3, 4, 5 und 6 mm durchgeführt. Von besonderem Interesse ist der Verlauf der Biegelinie bei der Fügephase des kontinuierlichen Fügens zwischen der Einspannstelle am Knoten 1 und der Einleitungsstelle der Fügekraft am Knoten m. Aus dem Verlauf wird ersichtlich, ob die Türabdichtung in diesem Bereich vollständig gefügt wird, oder ob sich Welligkeiten und damit eine unvollständige Montage ergeben. Um den maximal zulässigen Schlagabstand d_S zwischen zwei aufeinanderfolgenden Schlägen zu ermitteln, wird dieser in Schritten von 1, 5, 10, 15, ..., 50 mm variiert.

Den vereinfacht dargestellten Ablauf des Berechnungsalgorithmus mit Erläuterungen zeigt Bild 5.9.

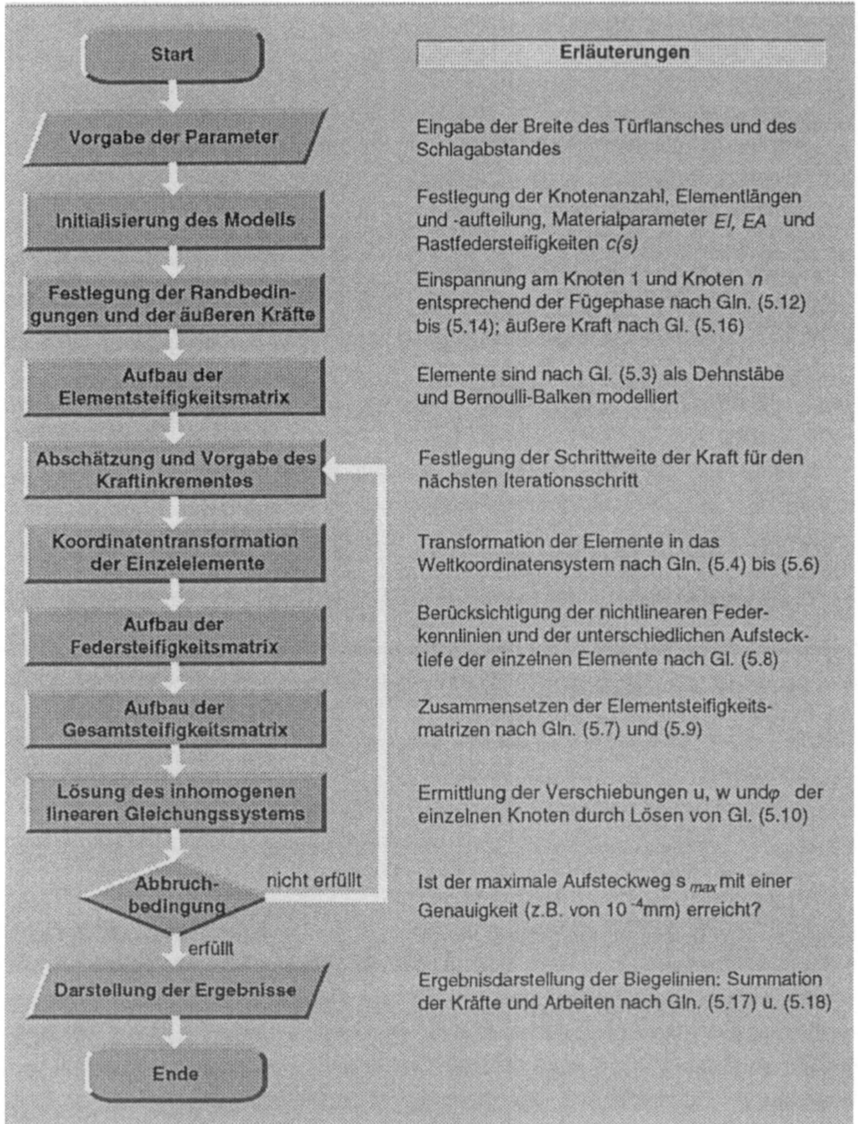

Bild 5.9:   Ablauf des Berechnungsalgorithmus

Die Gesamtzahl der Knoten des Ersatzmodells wurde zunächst variiert, um die optimale Anzahl für eine gute Konvergenz des Algorithmus bei gleichzeitig kurzer

Rechenzeit zu erzielen. Eine Knotenanzahl von 40 erwies sich hierbei als ausreichend. Um detaillierte Aussagen auch bei kleinen Schlagabständen über die Erhöhung der Biegelinie zwischen Einspannstelle und der Krafteinleitungsstelle zu erhalten, besteht in diesem Bereich eine feinere Elementeinteilung in 4 Elemente mit Längen von 0,5 mm. Daran schließen sich 29 Elemente der Länge 2 mm und schließlich die verbleibenden 7 Elemente mit Länge 20 mm an. Durch die Anzahl der Knoten liegt die Größe der Gesamtsteifigkeitsmatrix mit 120×120 fest. Die Berechnungen wurden auf einem Personalcomputer mit Hilfe des algebraischen und numerischen Berechnungsprogramms Mathematica [37] durchgeführt. Zur Reduzierung der Anzahl der Iterationen wurde vorab in Testläufen die optimale Größe der Fügekraftschritte ermittelt und ein Verfahren zur dynamischen, schrittweisen Verfeinerung der Schrittweite im Verlauf zunehmenden Fügewegs integriert. Um den maximalen Fügeweg von 10 mm exakt zu erreichen, wurde der Fügekraftschritt des letzten Iterationsschritts mit Hilfe des Wägeverfahrens [38] ermittelt und der letzte Iterationsschritt mehrfach durchgeführt, bis die vorgegebene Abbruchbedingung erfüllt war. Die Anzahl der Iterationen für einen Fügevorgang beträgt je nach Flanschbreite zwischen 30 und 50.

Die Berechnung beginnt mit der Fügephase 1, dem Ansetzvorgang. Dabei wird die Türabdichtung am ersten Knoten gefügt. Da die Biegelinie beim Ansetzen eine zur Fügestelle symmetrische Kurve darstellt, wird bei der Berechnung nur der positive Ast der Kurve berücksichtigt. Diese Eigenschaft ist in Bild 5.5 durch die Festlegung der Randbedingungen bereits berücksichtigt. Die sich ergebenden Fügekräfte und -arbeiten müssen im Anschluß verdoppelt werden.

Die Biegelinie der ersten Fügephase dient als Ausgangspunkt für die Berechnungen der Fügephase 2 des kontinuierlichen Fügens. Die Türabdichtung wird dabei mit dem Schlagabstand d_S vom ersten Knoten durch „Schlagen" gefügt. Die Ergebnisse der durchgeführten Berechnungen für die Biegelinien zeigt Bild 5.10 beispielhaft für einen repräsentativen Türflansch der Breite 4 mm. Zur besseren Kenntlichkeit sind die Biegelinien dort überhöht dargestellt. Das linke obere Diagramm zeigt die berechneten Biegelinien für verschiedene Schlagabstände. Im vergrößerten Ausschnitt um den Bereich der Krafteinleitungsstelle im Diagramm darunter ist zu erkennen, daß ab einem Schlagabstand von $d_S = 25$ mm die Türabdichtung zwischen der Einspannstelle am ersten Knoten und der Krafteinleitungsstelle eine unerwünschte, bauchförmige Erhöhung ausbildet und nicht mehr vollständig gefügt wird. Im rechten oberen Diagramm in Bild 5.10 sind die Biegelinien der Türabdichtung nach den einzelnen Iterationsschritten der Fügekraft dargestellt.

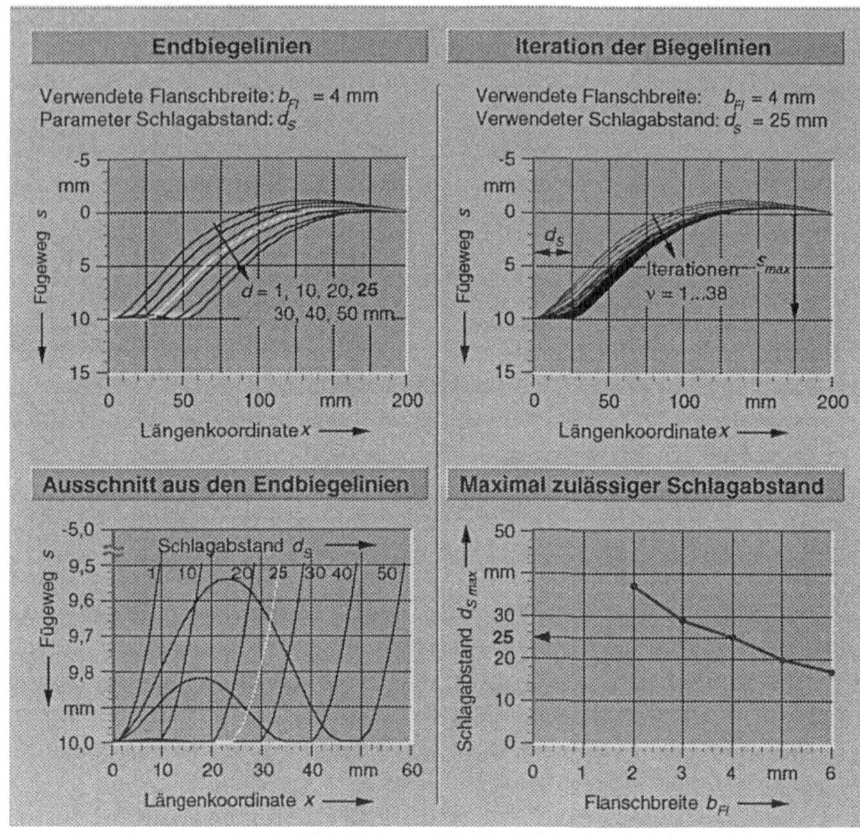

Bild 5.10: Berechnungsergebnisse für die Biegelinien während der Fügephase 2

Das Ergebnis für die maximal zulässigen Schlagabstände in Abhängigkeit von der Flanschbreite, d.h. die Abstände bei denen die Türabdichtung zwischen zwei aufeinanderfolgenden Schlägen keine Erhöhung ausbildet, zeigt das Diagramm rechts unten in Bild 5.10. Unterhalb dieses maximalen Schlagabstands $d_{S max}$ wird die Türabdichtung zwischen zwei aufeinanderfolgenden Schlägen vollständig montiert.

Die Ergebnisse der Berechnungen für die erforderlichen Fügekräfte und die Fügearbeit sind in Bild 5.11 dargestellt. In die Diagramme sind die in der Analyse ermittelte maximale Fügekraft und Fügearbeit als Grenzkurven eingetragen. Bei der maximal zulässigen Fügekraft von 800 N ergibt sich ein Schlagabstand zwischen 4 und 50 mm. Im Bereich kleiner Schlagabstände steigt die Fügekraft steil an aufgrund der Verkürzung des wirksamen Hebelarms zwischen Einspannstelle und der Fügestelle.

Aus den Kurven der Fügearbeit resultiert ein Schlagabstand zwischen 5 und 15 mm. Das Minimum der Fügearbeit für einen Flansch mit der Breite 6 mm liegt bei einem Schlagabstand von 10 mm. Dieser Wert des Schlagabstandes erfüllt auch die Kriterien, die für die Biegelinien und die Fügekräfte berechnet worden sind, und soll im folgenden einheitlich für alle Türflanschbreiten gewählt werden.

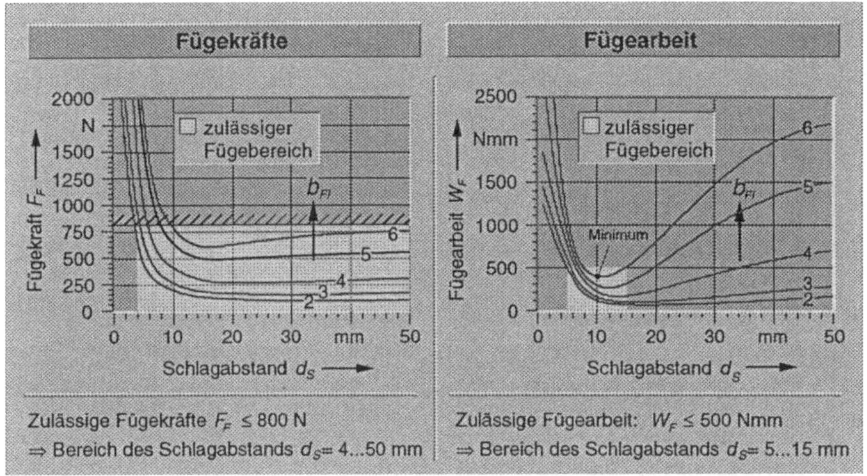

Bild 5.11: Theoretische Ermittlung der Fügekräfte und Fügearbeit in Fügephase 2

Die Ergebnisse der Fügephase 3 beim Fügen der Restlänge zeigt <u>Bild 5.12</u>. Bei dieser Berechnung wurden am Beispiel eines Türflansches der Breite 4 mm und der maximal zulässigen Restlänge der Türabdichtung von 10 mm die Biegelinien, die zugehörigen Fügekräfte und die Fügearbeit berechnet. Der betrachtete Türabdichtungsabschnitt weist eine Gesamtlänge von 410 mm auf und wird auf einer Türflanschlänge von 400 mm gefügt. Für die Berechnung erfolgt eine Aufteilung der Türabdichtung in 80 Elemente der Länge 0,5 mm. Der gewählte Schlagabstand d_S beträgt 10 mm. Der Übersichtlichkeit wegen sind in Bild 5.12 nur die Biegelinien jedes fünften Schlages dargestellt. An den Verläufen ist zu erkennen, wie sich die Türabdichtung bei fortschreitendem Fügeprozeß immer mehr verkürzt und die Restlänge schließlich komplett verstauchend gefügt wird. Die Fügekräfte steigen dabei auf das eineinhalbfache des Wertes, der für den kontinuierlichen Fügeprozeß benötigt wird.

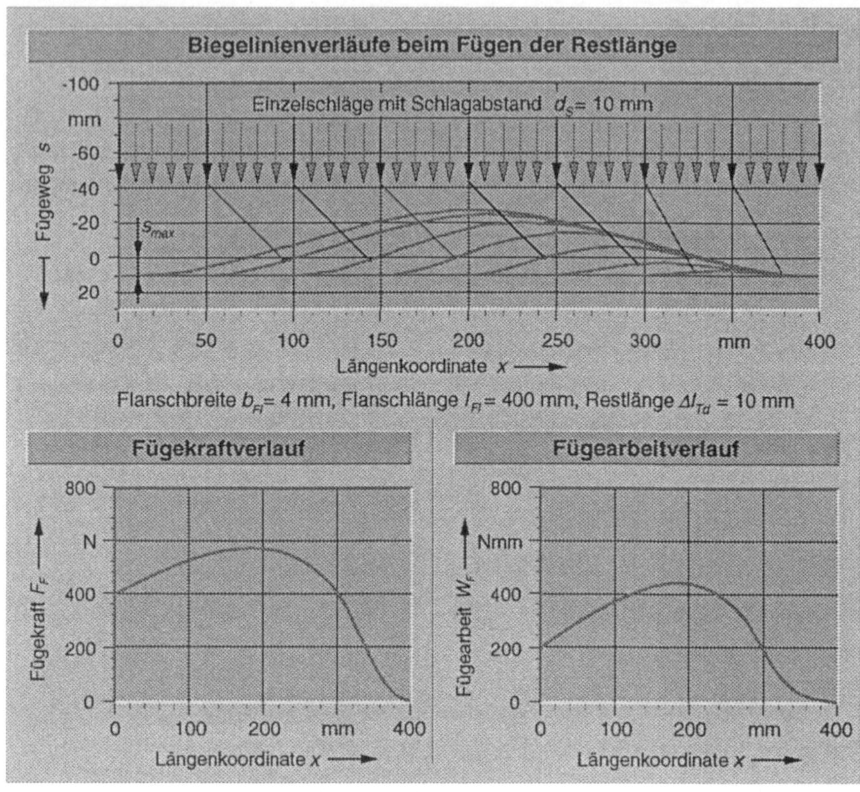

Bild 5.12: Theoretische Betrachtung der Fügephase 3

5.4 Alternative Prinzipien zur Erzeugung der Fügekräfte nach dem schlagenden Fügeverfahren

Im Rahmen dieser Betrachtung soll ein optimales Schlagwerk zur Aufbringung der Fügekräfte konzipiert werden.

Die Übersicht in Bild 5.13 zeigt vier Funktionsprinzipien zur Erzeugung der schlagenden Fügekräfte im bewerteten Vergleich gegenübergestellt. Beim ersten Prinzip kommt eine drehende Rastenscheibe, ähnlich wie sie auch in Schlagbohrmaschinen eingesetzt wird, zur Anwendung. Alternativ dazu kann das Schlagwerk auch pneumatisch angetrieben werden, wobei ein frei fliegender Stößel den Hammerkopf vorantreibt. Beim Doppelkolbenvibrator wird der Hammerkopf

- 63 -

jeweils weich durch Luftpolster in den Umkehrpunkten abgefangen. Wie die Bewertung in Bild 5.13 zeigt, stellt der Kurbeltrieb das optimale Schlagprinzip zum Fügen von Türabdichtungen dar. Bei diesem bewegt sich der Hammerkopf sinusförmig und die Kraftkennlinie ist der Fügekennlinie von Türabdichtungen am besten angepaßt, da die Kraft gegen Ende des Fügewegs im vorderen Umkehrpunkt am größten ist. Zudem gewährleistet der Kurbeltrieb, daß im Gegensatz zu den diskutierten pneumatischen Alternativen der komplette Hub durchlaufen wird und so die vollständige Montage der Türabdichtung gewährleistet ist.

Lösungs-alternative / Bewertungskriterien	Rastenscheibe	Pneumatisches Schlagwerk	Doppelkolben-vibrator	Kurbeltrieb
Wegverlauf	Sägezahn	annähernd Sägezahn	annähernd harmonisch	harmonisch
Regelbarkeit	●	◐	◐	●
Belastungsunabhängiger Hub	●	○	○	●
Niedriges Arbeitsgeräusch	○	○	●	●
Hohe Kraft am Umkehrpunkt	○	●	◐	●
Geringes Beschädigungsverhalten	○	○	◐	●
Geringer techn. Aufwand	◐	●	◐	◐

● voll erfüllt   ◐ teilweise erfüllt   ○ nicht erfüllt

Bild 5.13: Lösungsalternativen zur Erzeugung der schlagenden Fügekräfte

5.5   Verifikation im Versuch

Zur Verifikation der rechnerisch ermittelten Biegelinien und Fügekräfte wurde ein Versuchsaufbau erstellt, dessen prinzipieller Aufbau in Bild 5.14 gezeigt ist. Zur Messung der Fügekräfte wurden zwei Kraftaufnehmer am Testflansch angebracht. Die Erfassung und Überwachung des erreichten Fügewegs entlang des Testflansches wurde mit analogen Wegaufnehmern durchgeführt. Der in den Versuchen ermittelte Verlauf der Biegelinien wies keine meßbaren Abweichungen mit den theoretisch ermittelten Werten auf.

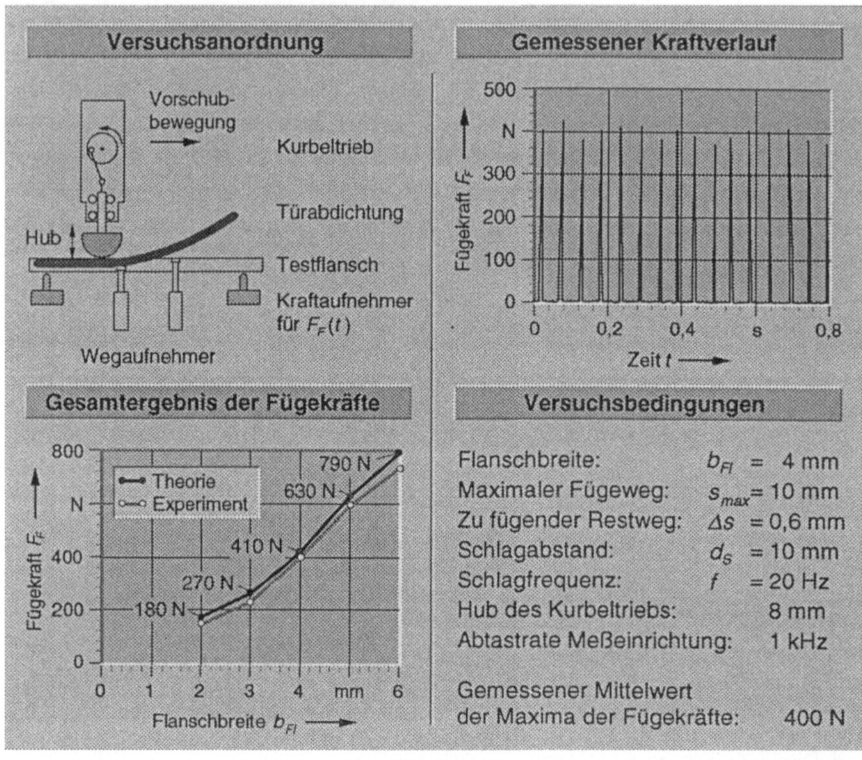

Bild 5.14: Versuchsaufbau zur Verifikation der Fügekräfte

Die Messung des zeitlichen Verlaufs der Fügekraft am Beispiel eines Flansches der Breite 4 mm ist in Bild 5.14 dargestellt. Der gemittelte Wert der Spitzenwerte im Kraftverlauf ergibt die gesuchte Fügekraft. Wie die Auswertung der Gesamtergebnisse für die Flanschbreiten zwischen 2 und 6 mm in Bild 5.14 zeigt, stimmen die experimentell ermittelten Werte mit einer Abweichung von weniger als 10 % mit den berechneten Ergebnissen aus der Theorie überein. Die Experimente bestätigen zudem die zum Teil benötigten hohen Fügekräfte, die auch die auftretenden Beschädigungen bei der manuellen Montage verständlich machen.

6   Entwicklung eines Toleranzausgleichssystems

6.1   Entwicklung von Verfahren zum passiven Toleranzausgleich

Entsprechend den Analyseergebnissen betragen die auftretenden Toleranzen bis zu 8 mm, die ausgeglichen werden müssen, um eine gleichbleibende Qualität während des Montageprozesses sicherzustellen. Dabei sind insbesondere die Positionstoleranzen in Richtung des Fügewegs der Türabdichtung ausschlaggebend, da hier je nach Richtung der Toleranz die Türabdichtung entweder unvollständig gefügt wird oder aber die Gefahr der Beschädigung durch zu hohe Fügekräfte besteht. Die Toleranzen quer zur Fügerichtung sind von untergeordneter Bedeutung und werden bereits durch die Selbstzentrierung der Türabdichtung aufgrund der Geometrie des Türflansches und die Gestaltung des Führungssystems ausgeglichen. Die Nachgiebigkeit des Toleranzausgleichssystems wird deswegen nur in Richtung der Fügebewegung ausgebildet.

Mit Rücksicht auf das schlagende Fügeverfahren sind bei der Auslegung des Toleranzausgleichssystems zwei gegenläufige Einflüsse zu optimieren. Zum einen muß der Toleranzausgleich steif genug sein, um die schlagenden Fügekräfte durch die Nachgiebigkeit nicht zu stark abzuschwächen, was eine unvollständige Montage der Türabdichtung zur Folge hätte. Andererseits muß eine ausreichende Nachgiebigkeit vorhanden sein, um den auftretenden Positionstoleranzen schnell genug folgen und die Türabdichtung sicher fügen zu können. Die geeignete Auslegung des Toleranzausgleichssystems in Abwägung zwischen notwendiger Steifigkeit bei gleichzeitig geforderter Nachgiebigkeit ist Gegenstand der nachfolgenden Betrachtungen.

Mögliche Lösungsalternativen für passiv arbeitende Toleranzausgleichssysteme sind in <u>Bild 6.1</u> bewertend gegenübergestellt. Bei der ersten Alternative mit dem geringsten technischen Aufwand wird die notwendige Nachgiebigkeit durch eine Feder erzielt. Um die unerwünschte Abhängigkeit der Federkraft vom zurückgelegten Weg klein zu halten, kommen dabei vorteilhafterweise vorgespannte Federn zum Einsatz. Alternativ dazu lassen sich zur Konstanthaltung der Fügekraft Federn aus superelastischen Formgedächtnislegierungen einsetzen, die aufgrund der Materialeigenschaften eine über dem Weg annähernd konstante Federkraft aufweisen. Bei allen Toleranzausgleichssystemen mit Federn ist nachteilig, daß sich die Kräfte nicht entsprechend der Flanschbreite einstellen lassen und ihr Betrieb deswegen mit der größten geforderten Fügekraft am gesamten Türflansch erfolgen muß.

Lösungs-alternative	Feder	Pneumatik-zylinder	Feder/Dämpfer Kombination	Pneumatikzylin-der und Dämpfer
Prinzipbild / Bewer-tungskriterien				
Vereinfachter Ansatz	$m\,\ddot{x} + c\,x = F$	$m\,\ddot{x} + p\,A = F$	$m\,\ddot{x} + d\,\dot{x} + c\,x = F$	$m\,\ddot{x} + d\,\dot{x} + p\,A = F$
Geringer techn. Aufwand	●	◑	◑	◑
Einstellbarkeit der Fügekräfte	○	●	○	●
Schwingungs-isolation	◑	◑	●	●
Konstanthaltung der Fügekräfte	◑	●	◑	●

● voll erfüllt   ◑ teilweise erfüllt   ○ nicht erfüllt

Bild 6.1:   Auswahl von Toleranzausgleichsprinzipien

Eine Abhilfe hierfür stellen pneumatische Zylinder dar, deren Kraft sich über den Druck in einfacher Weise einstellen läßt und dadurch eine an die jeweilige Flanschbreite angepaßte Fügekraft ermöglichen. Die Kombination mit einem parallel angeordneten Dämpfungselement zur Schwingungsisolation ist so für das Toleranzausgleichssystem die am besten bewertete Alternative.

6.2   Berechnung und Auslegung des Toleranzausgleichssystems

Das ausgewählte Toleranzausgleichssystem mit Pneumatikzylinder und Dämpfer muß für die unterschiedlichen Flanschbreiten im Hinblick auf die Größe der Fügekraft und das Zeitverhalten bei sprungförmiger Erregung durch die Einstellung der Parameter Druck und Dämpfung optimiert werden.

Bild 6.2 zeigt das physikalische Modell des ausgewählten passiven Toleranzausgleichssystems.

Für die Berechnung der gesuchten Zeitverläufe des Verfahrschlittens $x_{Sch}(t)$ und des Hammerkopfes $x_H(t)$ wird die Newtonsche Bewegungsgleichung [39] für die schwingenden Massen m_{Sch} und m_H angesetzt:

$$m_{Sch} \cdot \ddot{x}_{Sch} = -F_x + F_p - F_d \tag{6.1}$$

$$m_H \cdot \ddot{x}_H = F_x - F_F \tag{6.2}$$

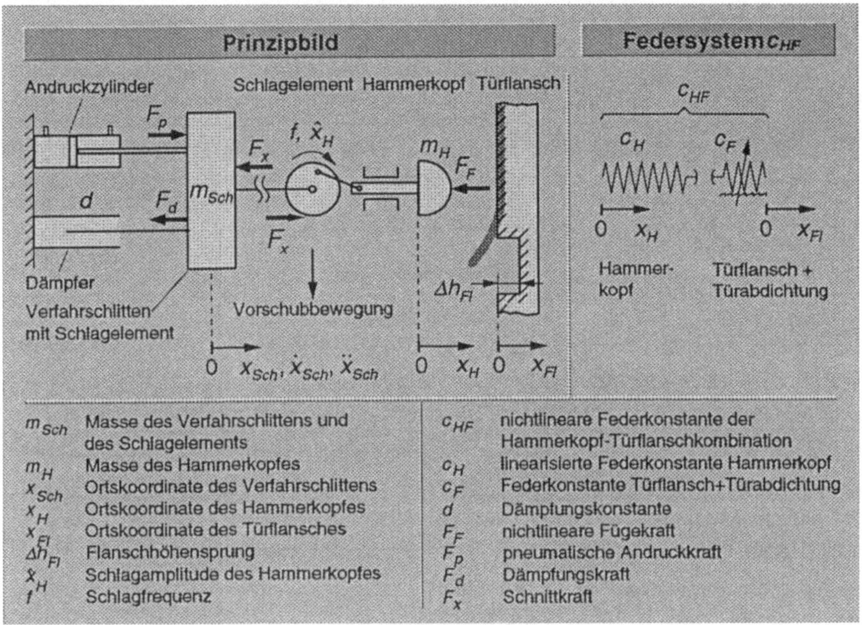

m_{Sch}	Masse des Verfahrschlittens und des Schlagelements	c_{HF}	nichtlineare Federkonstante der Hammerkopf-Türflanschkombination
m_H	Masse des Hammerkopfes	c_H	linearisierte Federkonstante Hammerkopf
x_{Sch}	Ortskoordinate des Verfahrschlittens	c_F	Federkonstante Türflansch+Türabdichtung
x_H	Ortskoordinate des Hammerkopfes	d	Dämpfungskonstante
x_{Fl}	Ortskoordinate des Türflansches	F_F	nichtlineare Fügekraft
Δh_{Fl}	Flanschhöhensprung	F_p	pneumatische Andruckkraft
$\hat{x}_H$	Schlagamplitude des Hammerkopfes	F_d	Dämpfungskraft
f	Schlagfrequenz	F_x	Schnittkraft

Bild 6.2: Physikalisches Modell des Toleranzausgleichssystems

Die Zwangsbedingung für die kinematisch erzwungene, sinusförmige Erregung des Hammerkopfes lautet

$$x_H(t) = x_{Sch} + \hat{x}_H \sin \omega t \ . \tag{6.3}$$

Die von der nichtlinearen Federkonstanten c_{HF} abhängige, Fügekraft F_F beträgt

$$F_F = c_{HF} \cdot (x_H - x_{Fl}) = c_{HF} \cdot \Delta x \ . \tag{6.4}$$

Hierbei ist Δx die Koordinate des Federwegs für die gilt:

$$\Delta x = x_H - x_{Fl} \ . \tag{6.5}$$

Für die von der geschwindigkeitsproportionalen Dämpfung d abhängige Dämpfungskraft gilt

$$F_d = d \cdot \dot{x}_{Sch} \ . \tag{6.6}$$

Zusammen mit der zeitlichen Ableitung der Gl. (6.3) ergibt sich die Dämpfungskraft zu

$$F_d = d \cdot (\dot{x}_H - \hat{x}_H \, \omega \, \cos\omega t) \; . \tag{6.7}$$

Die Elimination der Schnittkraft F_x und des Verfahrwegs des Schlittens x_{Sch} aus den Gln. (6.1) und (6.2) mit Hilfe der Gln.(6.3) bis (6.7) führt auf eine Differentialgleichung zweiter Ordnung der Form

$$\ddot{x}_H = - \frac{d}{m_{Sch} + m_H} \, \dot{x}_H - \frac{c_{HF}}{m_{Sch} + m_H} \, x_H - \frac{K}{m_{Sch} + m_H} \tag{6.8}$$

mit der Konstanten

$$K = m_{Sch} \hat{x}_H \omega^2 \sin\omega t - F_p - d\,\hat{x}_H \,\omega \cos\omega t - c_{HF}\, x_{Fl} \; . \tag{6.9}$$

Die Größe des zu fügenden Restwegs Δs, den die Türabdichtung beim Fügen durch Schlagen bis zum maximalen Fügeweg s_{max} zurücklegt, kann aus den theoretischen Betrachtungen des Kapitels 5 entnommen werden. Demnach liegen die zu fügenden Restwege für die unterschiedlichen Flanschbreiten zwischen 2 und 6 mm im Bereich von 0,3 und 1,1 mm. Innerhalb dieses Bereichs wird die auf den Türflansch zu fügende Türabdichtung durch eine Rastfeder mit der Steifigkeit c_F repräsentiert. Für Federwege, die diesen Bereich überschreiten wird die Federsteifigkeit infolge des begrenzten Fügeweges unendlich groß und darunter aufgrund des fehlenden Kontaktes zum Hammerkopf Null. Der Hammerkopf wird durch eine lineare Feder mit der Steifigkeit c_H modelliert.

<u>Bild 6.3</u> zeigt das nichtlineare Federsystem c_{HF}, das durch die Federn c_H und c_F gebildet wird. Das Diagramm zeigt den Zusammenhang zwischen dem Federweg Δx und der Fügekraft F_F. Die Fügekraft läßt sich in Abhängigkeit vom Federweg und zeitlichen Ableitung des Federweges als abschnittsweise definierte Funktion darstellen. Diese hat die Form

$$F_F = \begin{cases} 0 & \text{für } \Delta x \leq 0 \\[2mm] \dfrac{c_H \cdot c_{Fl}}{c_H + c_{Fl}} \, \Delta x & \text{für } 0 \leq \Delta x \leq \Delta s \text{ und } \Delta\dot{x} \geq 0 \\[2mm] c_H(\Delta x - \Delta s) + \dfrac{c_H \cdot c_{Fl}}{c_H + c_{Fl}} \cdot \Delta s & \text{für } \Delta x > \Delta s \\[2mm] c_H(\Delta x - \Delta s) + \dfrac{c_H \cdot c_{Fl}}{c_H + c_{Fl}} \cdot \Delta s & \text{für } \dfrac{c_H}{c_H + c_{Fl}} \cdot \Delta s < \Delta x < \Delta s \text{ und } \Delta\dot{x} < 0 \\[2mm] 0 & \text{für } 0 \leq \Delta x \leq \dfrac{c_H}{c_H + c_{Fl}} \cdot \Delta s \text{ und } \Delta\dot{x} < 0 \end{cases} \tag{6.10}$$

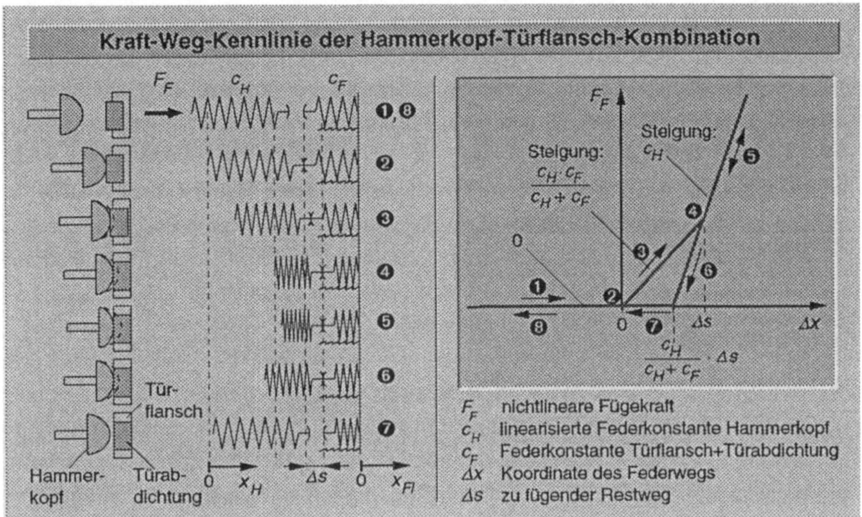

Bild 6.3:   Betrachtung der Federsteifigkeiten der Kombination von Hammerkopf und Türflansch

Als Störfunktion $x_{Fl}(t)$ für das schwingende System wird beispielhaft ein Rechteckimpuls verwendet. Diese Störfunktion simuliert einen Höhensprung Δh_{Fl} des Türflansches, der zum Zeitpunkt $t_1 = 2\,\text{s}$ um den Wert 1 mm ansteigt und zum Zeitpunkt $t_2 = 3\,\text{s}$ wieder auf Null abfällt. Dargestellt mit der Heavysideschen Sprungfunktion $h(t)$ ergibt sich die Störfunktion zu

$$x_{Fl}(t) = \Delta h_{Fl} \cdot (h(t - t_1) - h(t - t_2)) \; . \tag{6.11}$$

Das entstehende Differentialgleichungssystem kann aufgrund der Nichtlinearität des Federsystems nicht analytisch gelöst werden. Zur Lösung wird deswegen ein numerisches Verfahren gewählt, das an das Verfahren von Runge-Kutta angelehnt ist. Die Simulationsrechnungen wurden mit Hilfe des Programms Matlab [40] auf einem Personalcomputer durchgeführt.

Als Anfangsbedingungen für das Differentialgleichungssystem wurde

$$x_H = -10\,\text{mm} \quad \text{und} \quad \dot{x}_H = 0\,\text{mm/s} \tag{6.12}$$

gesetzt. Das betrachtete Zeitintervall liegt zwischen 0 und 4 s. Um die Konvergenz der numerischen Simulationsrechnung sicherzustellen, erwies sich als Schrittweite für die Zeit ein Wert von 1 ms als ausreichend.

Die Dämpfungskonstante d wurde vorab durch Simulationsrechenläufe bestimmt. Dabei wurde am Türflansch der Breite 2 mm, d.h. dem Türflansch mit der kleinsten erforderlichen Fügekraft, die Dämpfungskonstante so gewählt, daß die sprungförmige Änderung der Flanschhöhe entsprechend den aufgestellten Anforderungen in weniger als 0,5 s ausgeregelt wird. Die sich hieraus ergebende Dämpfungskonstante beträgt 5 Ns/mm. Die Federsteifigkeit c_H des Hammerkopfs wurde in experimentellen Versuchen bestimmt. Dazu wurden mit unterschiedlich geformten und aus verschiedenen Materialien bestehenden Hammerköpfen Fügeversuche durchgeführt. Als Materialien kamen Elastomere und Kunststoffe unterschiedlicher Härte zum Einsatz. Bei den experimentellen Versuchen wurde der Fügevorgang untersucht und die Geräuschemissionen gemessen. Bei zu großer Härte des Hammerkopfes ergab sich das Problem unzulässig hoher Geräuschemissionen und die Karosserie wurde zu starken Vibrationen angeregt. Bei zu kleiner Härte steht der Hammerkopf hingegen in ständigem Kontakt mit der Türabdichtung und gibt sie nicht mehr nach jedem Schlag frei, so daß der Fügeprozeß nicht mehr selbstzentrierend ablaufen kann. Der sich ergebende Hammerkopf wies eine Steifigkeit von 400 N/mm auf.

Die Ergebnisse der Berechnungen zeigt <u>Bild 6.4</u>. Exemplarisch für einen Türflansch der Breite 4 mm sind in den Diagrammen auf der linken Seite die zeitlichen Verläufe der Fügekraft F_F und der zugehörigen Wege des Verfahrschlittens x_{Sch}, des Hammerkopfes x_H und des Flansches x_{Fl} dargestellt. Damit sich die in Kapitel 5 hergeleiteten geforderten Fügekräfte von 410 N ergeben ist eine Andruckkraft F_p des Pneumatikzylinders von 61 N erforderlich. Da das System entsprechend der Anfangsbedingung beim Weg $x_H = -10$ mm startet und der harmonisch schwingende Hammerkopf hierbei die Türabdichtung noch nicht berührt, besitzt die Fügekraft F_F anfangs noch den Wert Null. Erst zum Zeitpunkt $t = 0,6$ s hat sich der Toleranzausgleich unter dem Einfluß der Kraft F_p soweit in Fügerichtung bewegt, daß er die Türabdichtung berührt und die Kraft F_F nach weiteren 0,4 s im eingeschwungenen Zustand auf den geforderten Wert von 410 N ansteigt. Zum Zeitpunkt $t_1 = 2$ s verringert sich die Kraft auf den Wert $F_{Fmin} = 93$ N, da sich der Türflansch infolge des Flanschhöhensprungs 1 mm vom Hammerkopf entfernt. Der entgegengesetzte Fall, bei dem sich der Türflansch zum Zeitpunkt $t_2 = 3$ s sprungförmig um 1 mm auf den Hammerkopf zubewegt, wird in einer Überhöhung der Kraft auf $F_{Fmax} = 695$ N sichtbar. Ebenso wie für den Türflansch mit 4 mm Breite wurden die Berechnungen für die anderen Flanschbreiten durchgeführt. Dabei wurde jeweils die Kraft F_p ermittelt, die erforderlich ist, um die in Kapitel 5 berechneten Fügekräfte zu erhalten. Die Ergebnisse sind in den rechten Diagrammen in Bild 6.4 zusammen mit den auftretenden Minimal- und Maximalkräften dargestellt.

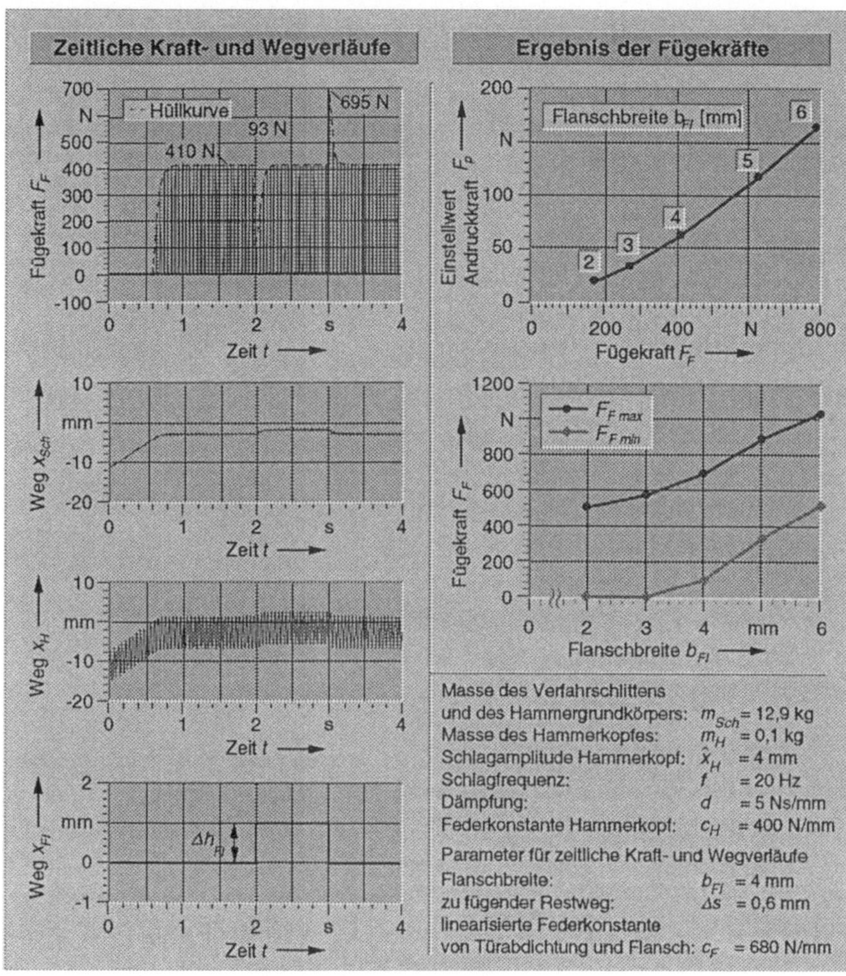

Bild 6.4:   Auslegung des Toleranzausgleichssystems

6.3   Verifikation der Ergebnisse im Versuch

Zur Überprüfung der gewonnenen Erkenntnisse wurde ein Versuchsaufbau realisiert, mit dem die Sprungantworten des Toleranzausgleichssystems gemessen werden können. Der Versuchsaufbau ist in Bild 6.5 dargestellt.

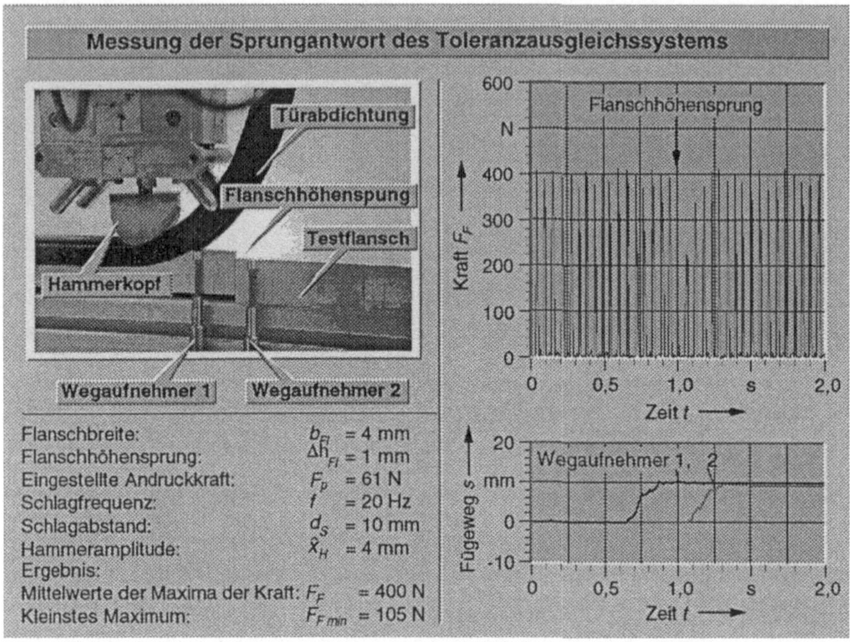

Flanschbreite:	b_{Fl}	= 4 mm
Flanschhöhensprung:	Δh_{Fl}	= 1 mm
Eingestellte Andruckkraft:	F_p	= 61 N
Schlagfrequenz:	f	= 20 Hz
Schlagabstand:	d_S	= 10 mm
Hammeramplitude:	$\hat{x}_H$	= 4 mm
Ergebnis:		
Mittelwerte der Maxima der Kraft:	F_F	= 400 N
Kleinstes Maximum:	$F_{F\,min}$	= 105 N

Bild 6.5: Versuchsanordnung zur Messung des Sprungantwortverhaltens

Die Ergebnisse in Bild 6.5 zeigen an einem Montagebeispiel den gemessenen Verlauf der Sprungantworten der Fügekraft F_F und die an zwei Stellen gemessenen Fügewege der Türabdichtung über der Zeit. Während des Türflanschhöhensprungs von 1 mm, der in diesem Fall vom Hammer weg weist, sinkt die Fügekraft kurzfristig auf Werte um 105 N bis der Verfahrschlitten den Weg des Türflanschhöhensprungs zurückgelegt hat und nach ca. 0,4 s die sich einstellende Fügekraft von 400 N wieder erreicht wird. Die Versuchsergebnisse weisen eine gute Übereinstimmung mit den berechneten Werten im Rahmen einer Abweichung von weniger als 15 % überein. Es zeigt sich, daß die dort getroffenen Annahmen dem realen System sehr nahe kommen und sich mit dem aufgestellten dynamischen Modell das Systemverhalten ausreichend genau vorherberechnen läßt.

7 Erprobung im Gesamtsystem

7.1 Aufbau des Gesamtsystems

Für die experimentelle Untersuchung der entwickelten Verfahren und Werkzeuge wurde eine Pilotzelle aufgebaut, bei der am Beispiel der rechten Karosseriehälfte Türabdichtungen an Vorder- und Hintertür montiert wurden. Bild 7.1 zeigt den Gesamtaufbau der Pilotzelle, deren Aufbau vom Prinzip her im wesentlichen dem in Kapitel 4.1 konzipierten Gesamtsystem einer diskontinuierlich arbeitenden, durch Puffer entkoppelten Vierroboterzelle entspricht.

Für die Versuchsdurchführung wurde eine lackierte Rohkarosserie verwendet, die ortsfest installiert und ohne Ein- und Anbauteile wie beispielsweise Cockpit, Dachhimmel oder Kabelbaum ausgestattet war.

Außer dem zur Überprüfung der theoretischen Ergebnisse verwendeten Montagewerkzeug wurden zum Aufbau der Pilotzelle weitgehend marktübliche Komponenten verwendet.

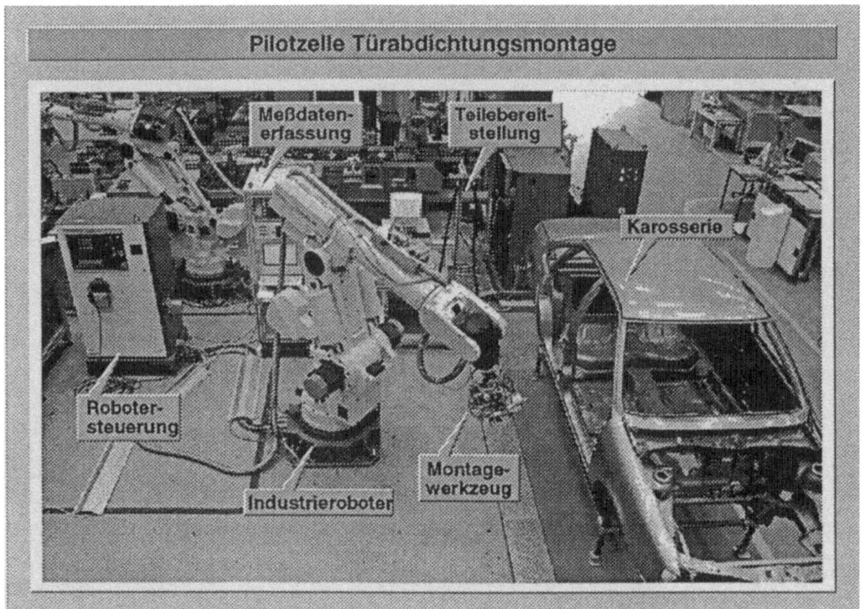

Bild 7.1:   Realisierte Pilotzelle zur Türabdichtungsmontage

7.2 Aufbau der Teilsysteme und Komponenten

7.2.1 Bereitstellungssystem

Das Bereitstellungssystem wird in der Pilotzelle prototypisch für eine einzelne Türabdichtung realisiert und besteht aus einer an einem Gestell vertikal montierten Platte mit vier hervorstehenden Stiften. Zwischen diese Stifte wird die Türabdichtung manuell eingelegt und durch ihre eigene Biegesteifigkeit zwischen diesen sicher gehalten. Die Stiftanordnung gewährleistet zudem eine einfache und sichere Entnahme der Türabdichtung durch das Montagewerkzeug unter Verzicht auf zusätzliche, aktiv arbeitende Auswurfsvorrichtungen.

7.2.2 Handhabungssystem

Zur Handhabung des Montagewerkzeugs und zum Abstützen der auftretenden Fügekräfte und -momente wird ein Vertikalknickarmroboter S-420FD der Firma Fanuc eingesetzt. Der Industrieroboter besitzt eine Sechsachskinematik und hat eine Wiederholgenauigkeit von 0,5 mm bei einem maximalen Handhabungsgewicht von 120 kg. Für die hohe Genauigkeit beim Bahnfahren ist die Steuerung mit einen schnellen Interpolationsalgorithmus ausgerüstet.

7.2.3 Montagewerkzeug

Das prototypisch realisierte Werkzeug [41] zur Montage von Türabdichtungen (Bild 7.2) basiert auf den aus den theoretischen Erkenntnissen abgeleiteten Teilsystemen für das

- Fügesystem,
- Führungssystem und
- Toleranzausgleichssystem.

Das Werkzeug besitzt bei einer Länge von 420 mm eine Gesamtmasse von 24,6 kg und ist für den Versuchsbetrieb zur einfacheren Zugänglichkeit und Wartungsfreundlichkeit mit einem Werkzeugwechselsystem ausgestattet. Alle aktiven Elemente des Werkzeugs sind einheitlich in Form von pneumatisch arbeitenden Bauelementen ausgeführt.

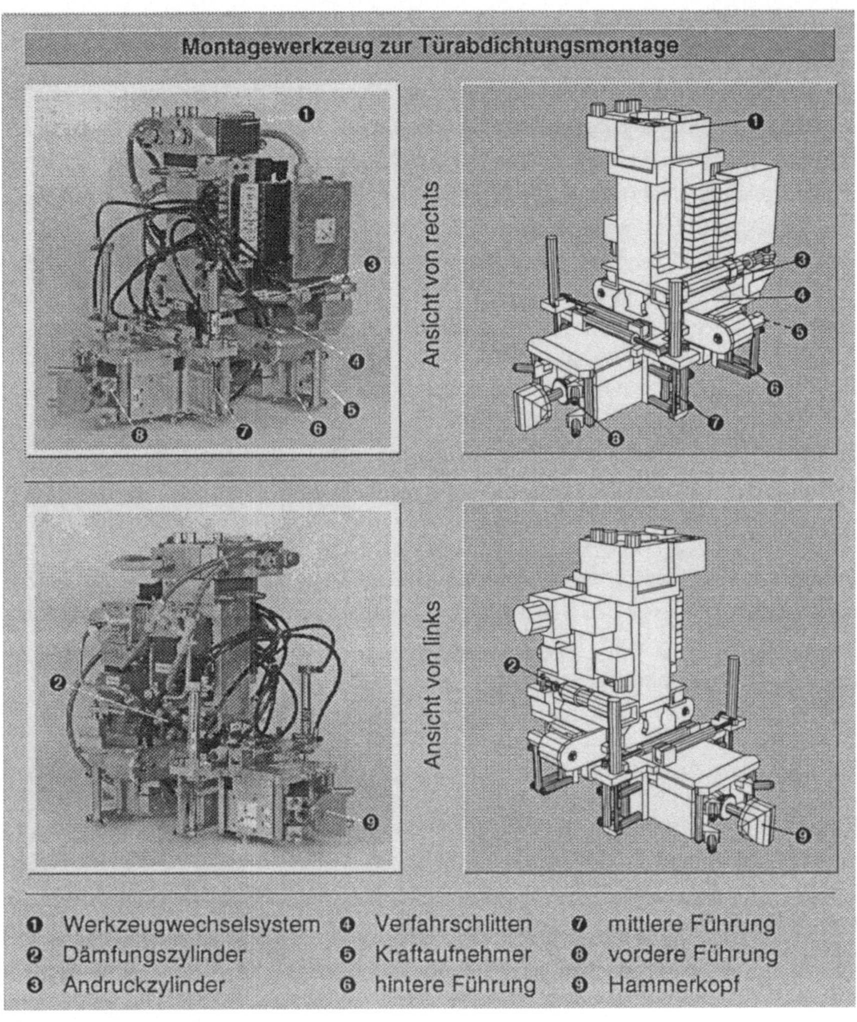

Bild 7.2: Ansichten und Aufbau des Montagewerkzeugs

7.2.3.1 Fügesystem

Das Fügesystem erzeugt die zur Montage der Türabdichtung auf dem Türflansch notwendigen Fügekräfte. Der Antrieb des Schlagelements basiert auf einer druckluftbetriebenen Kurzhubfeilmaschine der Firma Biax, die sich aufgrund ihres robusten Aufbaus zur Erzeugung der schlagenden Fügebewegung eignet. Dieses Gerät enthält einen Druckluftlamellenmotor mit nachgeschaltetem Planetengetriebe. Die entstehende Rotationsbewegung wird über eine Kurvenscheibe mit Kulissenstein in eine harmonische Linearbewegung umgesetzt, so daß sich eine Bewegungscharakteristik wie bei einem Kurbeltrieb ergibt. Der Hub des Schlagelements beträgt 8 mm. Bei einem Nenndruck von 6 bar wird eine Schlagfrequenz von 20 Hz erzeugt. Die Schlagkraft läßt sich in weiten Bereichen über den Betriebsdruck und die Drehzahl durch Drosselung der Luftzufuhr einstellen. Das pneumatische Antriebsprinzip wurde wegen seiner Eigenschaft der kleinen Abmessungen und des hohen Leistungsgewichts ausgewählt. Zudem sind pneumatische Antriebe robust und problem- und schadlos bis zum Stillstand belastbar.

Zur Übertragung der Fügekräfte auf die Türabdichtung kommt ein halbrund geformter Hammerkopf aus Polyurethan mit einer Härte von 90 Shore A zum Einsatz. Der Hammerkopf läßt sich als Verschleißteil über eine Spannzangenvorrichtung am Hammer leicht auswechseln.

Zur Bestimmung der Fügekräfte im Versuchsbetrieb und zur Verifikation der gewonnenen Erkenntnisse ist das Schlagelement zusätzlich auf einem Schlitten in Richtung der Fügebewegung linear verschiebbar gelagert und mit einem Kraftaufnehmer zur Erfassung der Fügekräfte versehen.

7.2.3.2 Führungssystem

Basierend auf dem in Kapitel 4 ausgewählten Konzept ist das Führungssystem für die Türabdichtung in Form einer dreistufigen, kombinierten Rechteck-Rollen-Losführung umgesetzt (Bild 7.3). Das Führungssystem ist spiegelsymmetrisch auf beiden Seiten des Montagewerkzeugs angebracht. Die hintere Führung mit dem weiten Führungsfenster dient zu einer groben Vororientierung der Türabdichtung. Sie läßt sich durch eine schwenkbare Rolle öffnen und schließen. Die mittlere Führung besitzt ein engeres Führungsfenster als die hintere Führung und sorgt für die exaktere Orientierung der Türabdichtung. Zusätzlich zum schwenkenden Freiheitsgrad läßt sich die mittlere Führung aus Kollisionsgründen beim Fügen der Restlänge durch Verschieben öffnen. Die vordere Führung ist nahe der eigentlichen Fügestelle am Hammerkopf angeordnet und dient zur Feinpositionierung der Türabdichtung. Sie besteht aus U-förmig angeordneten Rollen, die zur sicheren Entnahme der Türabdichtung aus dem Bereitstellungssystem in Form eines Parallelbackengreifers ausgebildet sind. Alle Führungen sind aus leichtgängig gelagerten Rollen aufgebaut und mit halbkugelförmigen Enden versehen, um eine reibungsarme und beschädigungsfreie Führung der Türabdichtung zu ermöglichen. Die rechteckigen Führungsfenster werden, wie in Bild 7.2 dargestellt, durch insgesamt sechs Rollen aufgespannt, damit die Türabdichtung nicht in den Spalt zwischen die rotierenden Rollen hineingezogen wird und diese blockiert.

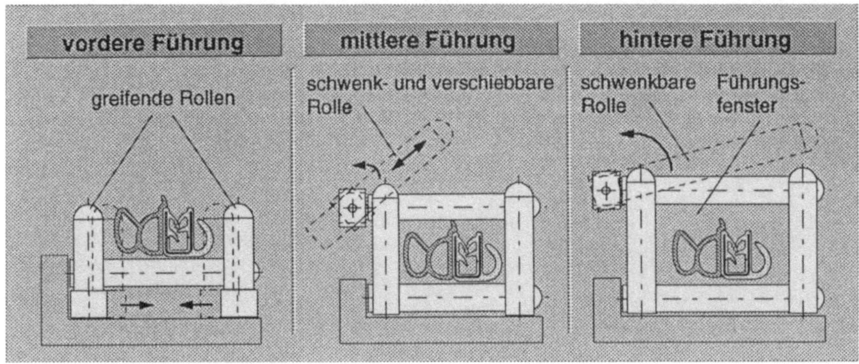

Bild 7.3: Aufbau des Führungssystems des Montagewerkzeugs

7.2.3.3 Toleranzausgleichssystem

Für den Ausgleich von Toleranzen während des Fügeprozesses entsprechend den in Kapitel 3 hergeleiteten Anforderungen wurde auf der Basis der theoretischen Betrachtungen in Kapitel 6 ein Toleranzausgleichssystem konstruiert und aufgebaut, dessen Funktionsprinzip in Bild 7.4 dargestellt ist.

Zur Erzeugung der konstant einstellbaren Fügekräfte ist das gesamte Füge- und Führungssystem auf einem in Richtung der Fügebewegung linear verfahrbaren Schlitten mit Kugelumlauf der Firma Star montiert. Der Verfahrweg des Schlittens beträgt maximal 25 mm. Durch einen Pneumatikzylinder, der über ein Proportional-Druckregelventil angesteuert wird, wird das Fügesystem mit konstanter, einstellbarer Kraft gegen den Türflansch gedrückt und so die Fügekraft unabhängig von der toleranzbehafteten Lage des Türflansches vorgegeben. Zum Zurückfahren des Schlittens in seine Ausgangslage während der Ansetzphase ist zusätzlich ein 5/2-Wegeventil vorhanden.

Als dämpfendes Element dient ein in sich geschlossener, hydraulischer Kreislauf bestehend aus einem Hydraulikzylinder mit durchgehender Kolbenstange für die Sicherstellung eines in beiden Richtungen gleichen Dämpfungsverhaltens. Zur

Einstellung der Dämpfung dient eine manuell einstellbare Drosselblende. Um das Toleranzausgleichssystem im Versuchsbetrieb wahlweise ein- oder ausschalten zu können, ist im hydraulischen Kreis zusätzlich ein Absperrventil vorhanden.

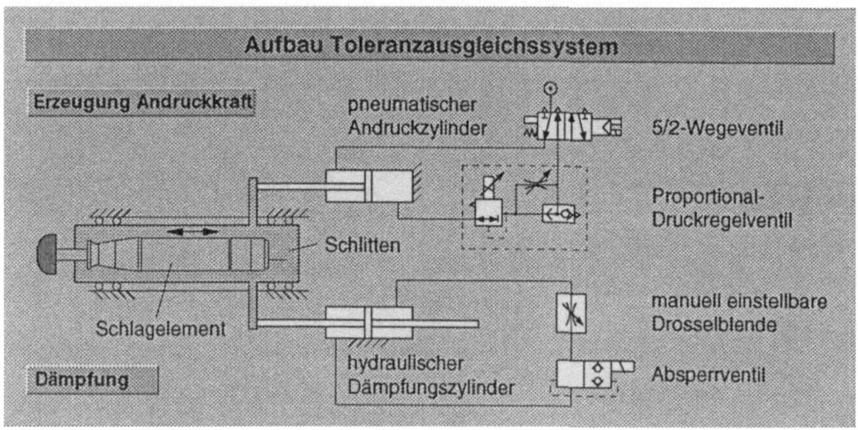

Bild 7.4:   Aufbau des Toleranzausgleichssystems

7.2.4   Steuerung

Zur Steuerung des Industrieroboters sowie der gesamten Pilotzelle wird die Industrierobotersteuerung RJ der Firma Fanuc eingesetzt. Durch ein im Teach-in-Verfahren erstelltes Ablaufprogramm wird der gesamte Montageablauf durchgeführt. Die Industrierobotersteuerung kommuniziert als übergeordnete Steuerung über analoge und digitale Ein- und Ausgänge mit den Teilsystemen der Pilotzelle (Bild 7.5). Sie setzt durch Befehle im Ablauf die Ausgänge, die zum Schalten der Pneumatikventile für das Schlagelement, die Führungen und den Toleranzausgleich benutzt werden. Die Kraft des Andruckzylinders wird parallel zum Verfahrprogramm in einem auf der Industrierobotersteuerung ablaufenden Unterprogramm berechnet, um in Abhängigkeit der Drehlage der sechsten Industrieroboterachse die Andruckkraft mit dem Eigengewicht des Verfahrschlittens zu kompensieren.

Zur Inbetriebnahme sowie im Versuchsbetrieb können die Fügekräfte über eine zugeschaltete Meßdatenerfassung aufgezeichnet werden und ermöglichen sowohl eine Optimierung der programmierten Roboterbahn als auch die Anpassung der Einstellparameter des Füge- und Toleranzausgleichssystems.

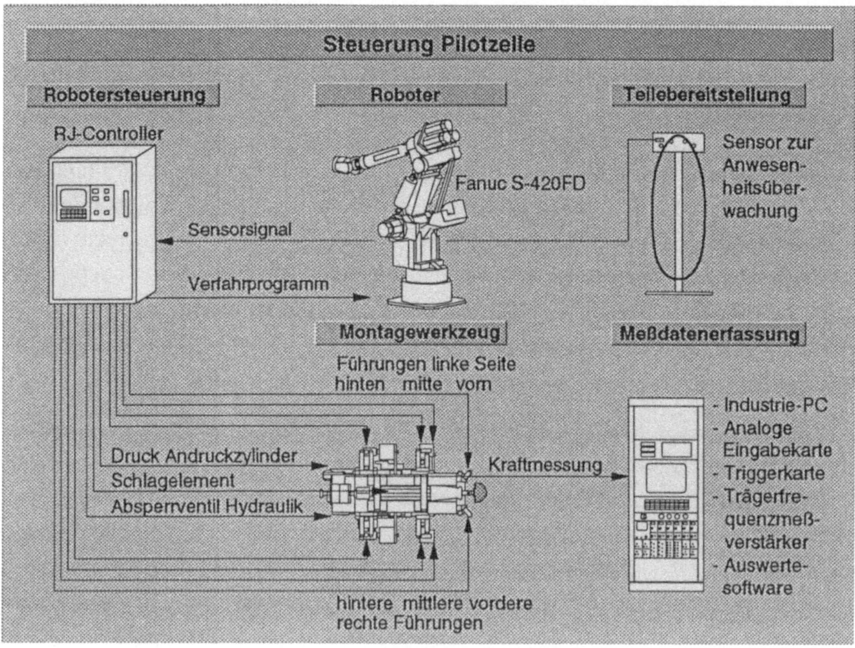

Bild 7.5:   Signalflußplan zur Steuerung der Pilotzelle

7.3   Montageablauf in der Pilotanlage

Der Montageablauf wird durch das Ablaufprogramm in der Industrierobotersteuerung vorgegeben. Die ersten an der Karosserie durchgeführten Montageversuche hatten ergeben, daß es zweckmäßig ist, die Montage in zwei Abschnitte aufzuteilen und dabei im wesentlichen entlang der hängenden Türabdichtung, d.h. in Richtung des Schwerkraftvektors von oben nach unten zu montieren. Diese Vorgehensweise ermöglicht eine Führung der biegeschlaffen Türabdichtung mit geringem Kraftaufwand, was sich in einer geringen Neigung zur Verdrillung bemerkbar macht. Beim ersten Montageabschnitt wird die Türabdichtung hierbei am Dach und entlang der B-Säule bis zum Schweller gefügt. Beim zweiten Abschnitt erfolgt die Montage entlang der A-Säule und des restlichen Schwellers.

Der realisierte Montageablauf der Pilotzelle ist in <u>Bild 7.6</u> beispielhaft am vorderen rechten Türflansch der Karosserie dargestellt. In der Grundstellung befindet sich die ringförmig geschlossene Türabdichtung in der Teilebereitstellung und der Industrieroboter ist mit gegriffenem Montagewerkzeug vor dem Türflansch der Karosserie positioniert. Im zweiten Schritt verfährt der Industrieroboter das Montagewerkzeug zur Teilebereitstellung. Danach werden alle Führungen zur Entnahme der Türabdichtung geschlossen. Mit der so gegriffenen Türabdichtung wird im dritten Schritt in der Ecke des Türflansches zwischen Dach und B-Säule angesetzt. Nach dem Öffnen der vorderen Führungen wird das Schlagelement eingeschaltet und die Türabdichtung durch den oszillierenden Hammerkopf entlang des Dachs gefügt. Die Türabdichtung wird durch Öffnung der Führungen anschließend auf der rechten Seite komplett freigegeben und das Montagewerkzeug im vierten Schritt zurück in Richtung auf den Ansetzpunkt in der Ecke zwischen Dach und B-Säule verfahren. Im fünften Schritt erfolgt die Montage entlang der B-Säule und dem ersten Drittel des Schwellers. Nach dem Öffnen sämtlicher Führungen wird das Montagewerkzeug in Richtung Dach zur Durchführung des zweiten Montageabschnitts umgesetzt und die Türabdichtungen mit den rechten Führungen erneut umschlossen. Im siebten Schritt erfolgt die Montage entlang der A-Säule bis zum Schweller. Zum anschließenden stauchenden Fügeprozeß der verbleibenden Restlänge wird die Türabdichtung aus den rechteckförmigen hinteren und mittleren Führungen komplett freigegeben und nur durch die vordere U-förmige Führung vorpositioniert. Nach erfolgter Montage fährt der Industrieroboter wieder in seine Grundposition vor dem Türausschnitt und der Zyklus kann nach Bereitstellung einer neuen Türabdichtung von vorn beginnen.

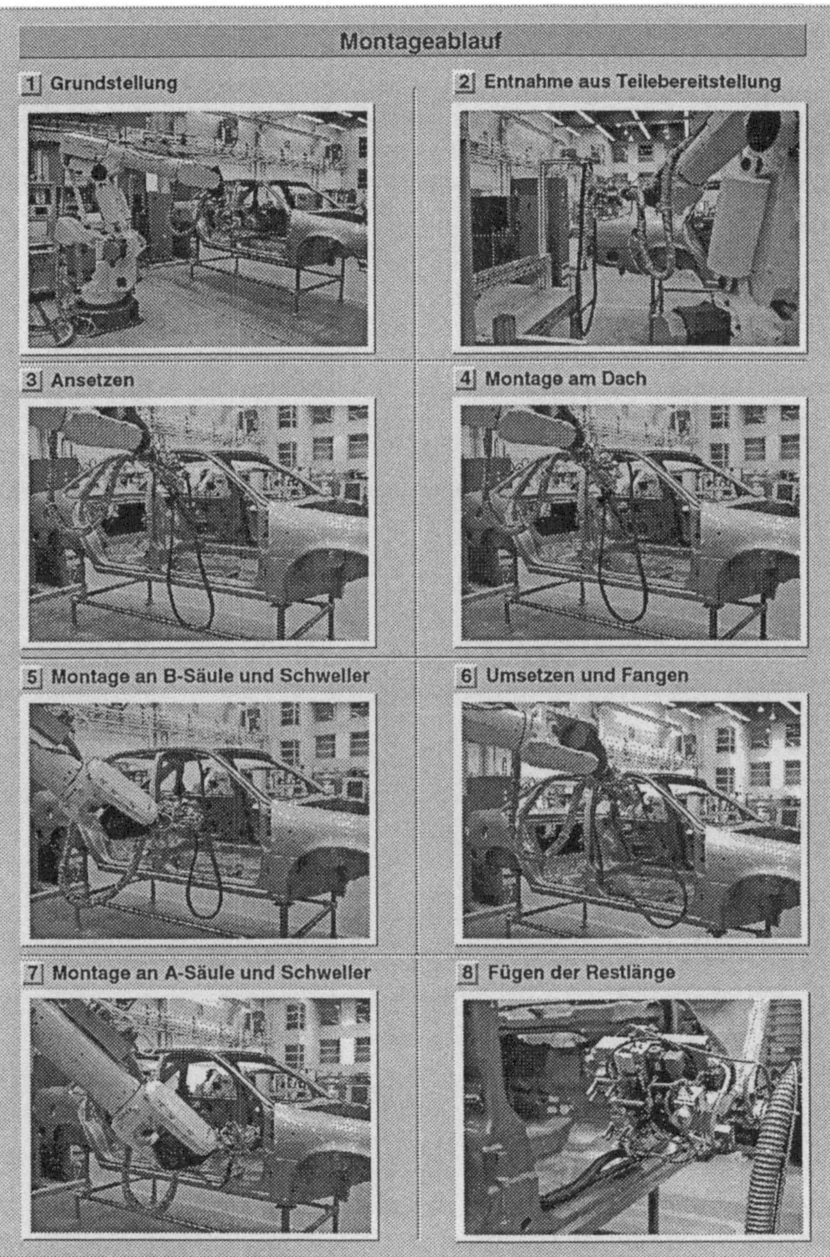

Bild 7.6:   Montageablauf in der Pilotzelle zur Türabdichtungsmontage

7.4 Versuchsergebnisse

Nach einer Inbetriebnahmephase und zahlreichen Optimierungsläufen, bei denen die programmierte Bahn des Industrieroboters und das Ablaufprogramm im Hinblick auf minimale Montagezeiten optimiert wurden, sind mit der Pilotanlage Montageversuche mit über 400 Türabdichtungen durchgeführt worden. Die dabei auftretenden Fehler wurden dokumentiert und analysiert.

7.4.1 Montagezeiten

Eine Analyse der Montagezeiten zeigt Bild 7.7. Die einzelnen Zeiten wurden von einem Zeitgeber einer angeschlossenen Meßdatenerfassung aufgezeichnet und dokumentiert. Die Gesamtzeit des Montagevorgangs für eine Türabdichtung beträgt 48,6 s. Dabei wird zwischen Hauptzeiten, in denen der eigentliche Fügevorgang stattfindet, und Nebenzeiten, wie Verfahr- und Wartezeiten des Industrieroboters unterschieden. Der eigentliche Fügevorgang für eine Türabdichtung dauert 28,1 s.

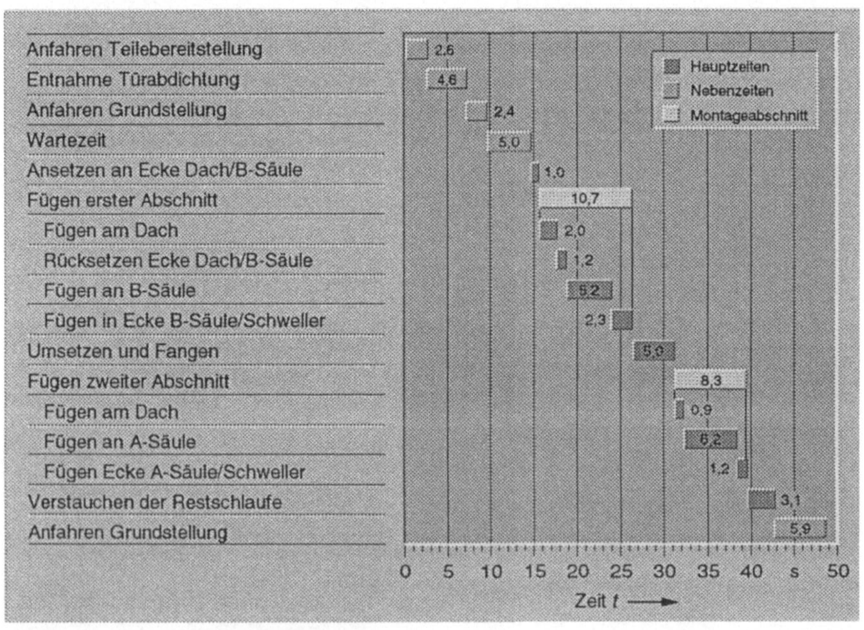

Bild 7.7: Analyse der Montagezeiten

7.4.2 Auftretende Fügekräfte

Die Fügekräfte werden in Abhängigkeit von der Breite des Türflansches über einen analogen Spannungswert am Ausgang der Industrierobotersteuerung dem Proportional-Druckregelventil vorgegeben. Als Vorgabewerte dienen die in Kapitel 6 theoretisch ermittelten Fügekräfte. Den zeitlichen Verlauf der Fügekraft zeigt Bild 7.8. Dieser wird mit Hilfe des im Montagewerkzeug integrierten Kraftaufnehmers und der angeschlossenen Meßdatenerfassung ermittelt und dokumentiert.

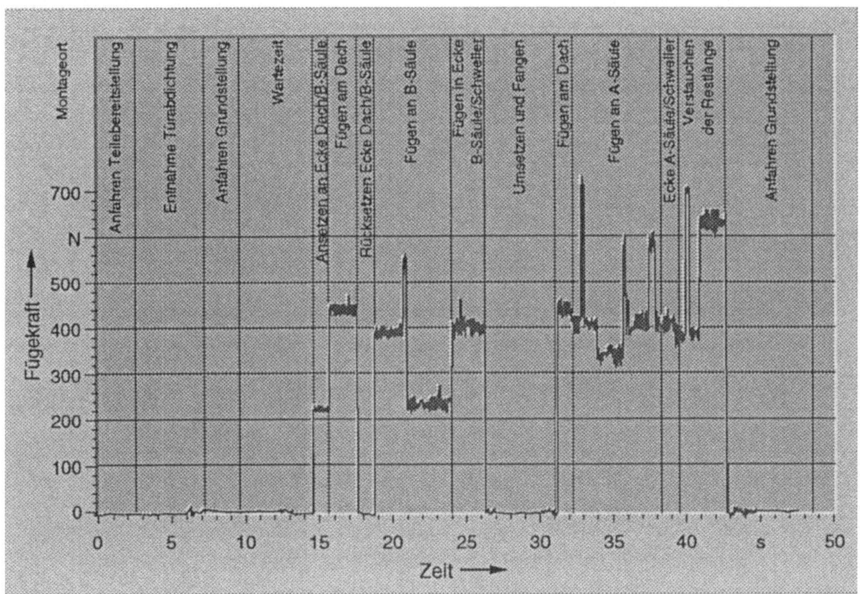

Bild 7.8:   Verlauf der Fügekraft

7.4.3 Fehlerbetrachtung

Die im Versuchsbetrieb ermittelte Verfügbarkeit der Pilotzelle lag bei 86 %. Einen Überblick über die Art und Häufigkeit der aufgetretenen Fehler zeigt Bild 7.9. Die am häufigsten vorkommenden Fehler betreffen die Länge der Türabdichtung. Diese Länge ist zwar mit einem Übermaß zwischen 0 und 10 mm toleriert, dennoch treten infolge unkontrollierter Schrumpfungsprozesse nach dem Ablängprozeß bei der Herstellung Probleme auf, diese enge Toleranz einzuhalten. Bei einer zu langen Türabdichtung kann die Restlänge im Bereich des Schwellers dann nicht mehr gefügt werden und die Türabdichtung knickt zumeist seitlich aus. Im Falle zu kurzer Türabdichtungen wird der bereits montierte Abschnitt der Türabdichtung während des Fügens der Restlänge aus den Ecken im Bereich des Schwellers wieder herausgezogen. Die zweithäufigste Fehlerursache sind unkontrollierte Verdrillungen der biegeschlaffen Türabdichtung, die ein „Entgleisen" vom Türflansch zur Folge haben. Weitere Störungen sind auf Verhaken der Türabdichtungen an überstehenden Blechen der Karosserie zurückzuführen. Durch den Fügevorgang selbst traten keine Fehler auf.

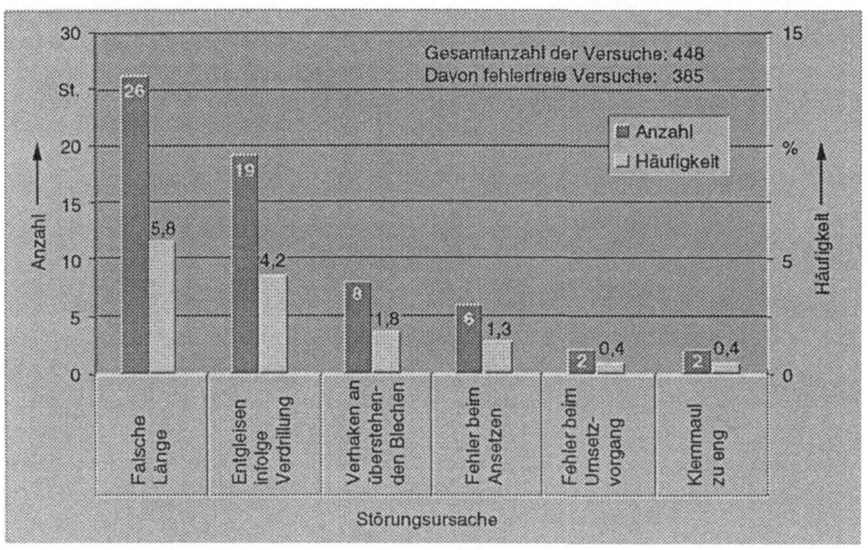

Bild 7.9:   Häufigkeit der im Versuchsbetrieb aufgetretenen Fehler

7.5   Folgerungen aus den Versuchen

Die Versuchsergebnisse bei der flexibel automatisierten Montage von Türabdichtungen zeigen, daß die Automatisierung auf der Basis der entwickelten Verfahren und Werkzeuge möglich ist.

Die erreichten Montagezeiten liegen im Rahmen der von der Automobilindustrie geforderten Taktzeiten. Das entwickelte Montagewerkzeug arbeitet mit großer Zuverlässigkeit und erzielt eine hohe Montagequalität.

Um das entwickelte Verfahren weiter zu verbessern, müssen folgende Maßnahmen durchgeführt werden:

- Im Gegensatz zu den manuell montierbaren Türabdichtungen brauchen die Türabdichtungen für die automatisierte Montage keine besonderen Anforderungen an die Ergonomie, wie beispielsweise eine geringe Biegesteifigkeit und niedrige Montagekräfte zu erfüllen. Es müssen daher Türabdichtungen entwickelt werden, deren Gestaltung und Eigenschaften speziell auf die Erfordernisse der automatisierten Montage angepaßt sind. Dies betrifft insbesondere die Erhöhung der Biege- und Torsionssteifigkeit beispielsweise durch Verwendung einer dickeren Metallseele. Auf diese Weise lassen sich die Störungen, die durch das Verdrillen der Türabdichtungen während des Montageprozesses entstehen, reduzieren.
- Die Versuche haben ergeben, daß der Ablängung von Türabdichtungen beim Herstellungsprozeß erhöhte Aufmerksamkeit zu schenken ist, um die auftretenden Längentoleranzen einhalten und weiter reduzieren zu können.
- Die Höhe der überstehenden Bleche an den Türflanschen der Rohkarosserien muß durch geeignete Maßnahmen verringert und der Übergang zwischen den verschiedenen Karosserieblechlagen am Türflansch homogener gestaltet werden. Somit lassen sich weitere Störungsursachen durch Verhaken der Türabdichtungen an diesen Stellen verhindern.
- Die Integration von robusten und zuverlässigen Sensoren zur Überwachung der Anwesenheit der Türabdichtung in den Führungen und auf dem Türflansch während des Montageprozesses verbunden mit Störfallstrategien können die Verfügbarkeit weiter erhöhen.

8 Zusammenfassung und Ausblick

Die Montage von Türabdichtungen für Kraftfahrzeuge erfolgt heute ungeachtet der ergonomisch ungünstigen Arbeitsplatzsituation weitgehend manuell oder mit einfachen mechanisierten Hilfsmitteln. Realisierte Anlagen zur automatisierten Montage von Türabdichtungen sind gekennzeichnet durch einen geringen Automatisierungsgrad, unzureichende Verfügbarkeit und Montagequalität sowie lange Taktzeiten.

Ziel der vorliegenden Arbeit war die Schaffung wissenschaftlicher Grundlagen für die flexibel automatisierte Montage von Türabdichtungen und die Ableitung eines geeigneten Montagewerkzeugs.

Ausgehend von der Ermittlung des Standes der Technik wurden im Rahmen einer Analyse des Produktspektrums und der Montageaufgabe die automatisierungsrelevanten Parameter der Türabdichtungen und Türflansche untersucht. Die Analyse hat gezeigt, daß eine automatisierte Montage von Türabdichtungen aufgrund der hohen Einsatzzahlen ein großes Rationalisierungspotential freisetzt. Als wesentliche Automatisierungshemmnisse erwiesen sich der biegeschlaffe Charakter der Türabdichtungen verbunden mit den hohen Fügekräften. Aufbauend auf den Ergebnissen der Analyse wurden die notwendigen Teilsysteme und die Anforderungen an flexibel automatisierte Systeme zur Montage von Türabdichtungen abgeleitet.

Nach der Konzeption alternativer Gesamtsysteme für die Montage von Türabdichtungen wurden die Grundlagen für die Auslegung dieser Systeme erarbeitet. Für die Teilsysteme

- Bereitstellung,
- Fügen,
- Führen und
- Toleranzausgleich

bei der Montage von Türabdichtungen wurden alternative Konzepte entwickelt und im Hinblick auf die gestellten Anforderungen systematisch bewertet und ausgewählt.

Für das Fügen der Türabdichtungen wurde das Montageverfahren „Schlagen" konzipiert und theoretisch betrachtet. Dazu wurden aufbauend auf Vorversuchen die wesentlichen Einflußparameter auf den Fügeprozeß ermittelt und untersucht. Als Hilfsmittel zur Planung und exakten Auslegung des Fügesystems erfolgte die

Aufstellung eines mechanischen Ersatzmodells und eines geeigneten Berechnungsverfahrens. Nach der experimentellen Ermittlung der Modellparameter konnten in Abhängigkeit der vorliegenden Randbedingungen die unbekannten Parameter wie Schlagabstand und somit die notwendigen Fügekräfte berechnet und optimiert werden.

Zum Ausgleich der bei der Montage auftretenden Toleranzen wurde ein auf den Fügeprozeß speziell abgestimmtes Toleranzausgleichssystem konzipiert und die erforderlichen Einstellparameter Andruckkraft und Dämpfung theoretisch ermittelt.

Die entwickelten Verfahren und Werkzeuge wurden in einer Pilotzelle erprobt. Es zeigte sich, daß das neu entwickelte Montagewerkzeug für Türabdichtungen die gestellten Anforderungen erfüllt. Die Durchführung von Dauerversuchen ergab wichtige Erkenntnisse in Bezug auf realisierbare Montagezeiten, Verfügbarkeit und Einflüsse der Fertigungsqualität der Türabdichtungen. Die Berechnungsverfahren zur Ermittlung des optimalen Schlagabstands und der erforderlichen Fügekräfte des schlagenden Fügesystems sowie zur Auslegung des Toleranzausgleichs konnten durch die Versuche bestätigt werden.

Insgesamt konnte mit dem Aufbau der Pilotzelle und der Realisierung der entwickelten Verfahren und des Montagewerkzeugs die technische Machbarkeit der flexibel automatisierten Montage von Türabdichtungen nachgewiesen werden. Durch die Weiterentwicklung der Montagewerkzeuge und weiter optimierten und montagegerecht gestalteten Türabdichtungen ist zukünftig mit einem Einsatz von Industrierobotern bei der Montage von Türabdichtungen in der Automobilindustrie zu rechnen. Bei den hohen Fügekräften, die bei manueller Montage aufgebracht werden müssen, kann mit der automatisierten Türabdichtungsmontage eine deutliche Entlastung des Montagepersonals erreicht und darüber hinaus die Montagequalität gesteigert werden.

9   Literaturverzeichnis

[1]   Warnecke, H.-J.:   Das Rationalisierungspotential der Zukunft liegt in der
Montage (Vorwort). In: Fortschritte in der Montage:
Strategien, Methoden, Erfahrungen;
19. IPA-Arbeitstagung 3.-4. Februar 1988 in Stuttgart.
Berlin u. a.: Springer, 1988, S. 6

[2]   Abele, E.; u. a.:   Einsatzmöglichkeiten von flexibel automatisierten
Montagesystemen in der industriellen Produktion:
Montagestudie. Düsseldorf: VDI-Verlag, 1984

[3]   Schraft, R. D.:   Automatisierung in der Montage- und Handhabungstechnik: Stand der Technik: Chancen und Grenzen. In:
1. Chemnitzer Konstrukteurtage, 22.-24. September
1993, Chemnitz, o.Z.

[4]   Walther, J.:   Montage großvolumiger Produkte mit Industrierobotern.
Berlin u. a.: Springer, 1985. Zugl. Stuttgart, Univ., Diss.,
1985

[5]   o.V.:   Tatsachen und Zahlen aus der Kraftverkehrswirtschaft.
Verband der deutschen Automobilindustrie e.V.
60. Folge 1996

[6]   Stübig, H.:   Anforderungen an die Automobil-Montage der Zukunft.
In: VDI-Berichte Nr. 722, 1988

[7]   Frankenhauser, B.:   Montage von Schläuchen mit Industrierobotern. Berlin
u. a.: Springer, 1988. Zugl. Stuttgart, Univ., Diss., 1988

[8]   Buchholz, H.-V.;   Elastomer-Dichtsysteme in Kfz-Karosserien. In:
Kirchmann, G.;   Kautschuk, Gummi, Kunststoffe, 44. Jahrgang (1991)
Hill, A.:   Heft 1, S. 42-54

[9]   Janke, W.; u. a.:   Abdichtsysteme für Automobilkarosserien.
Übersichtsvortrag, DVM-Tag, Bauteil 89, Gummi, Berlin,
1989

[10]   Eich, B.;   Automatische Handhabung und Montage nicht
Dirndorfer, A.:   formstabiler Bauteile. In: Kautschuk, Gummi,
Kunststoffe, 46. Jahrgang, Nr. 8/93, S. 629-638

[11] o.V.: VDI-Richtlinie 2860 05.90: Handhabungsfunktionen, Handhabungseinrichtungen; Begriffe, Definitionen, Symbole. Berlin, Köln: Beuth-Verlag

[12] Schraft, R. D.: Automatisierung in der Montage- und Handhabungstechnik. Vorlesungsskript. Stuttgart, Universität, 1992

[13] o.V.: Norm DIN 8593 Teil 3 09.85: Fertigungsverfahren Fügen; Anpressen, Einpressen; Einordnung, Unterteilung, Begriffe. Berlin, Köln: Beuth-Verlag

[14] Janke, W.; Junker, B.: Abdichtsysteme für Automobilkarosserien. Kautschuk, Gummi, Kunststoffe, 42 (11/1989), S. 1048-1056

[15] o.V.: Schutzrecht DE 40 34 212 (16.05.1991). – Vorrichtung zum Befestigen einer U-förmigen Profilleiste auf einem Flansch o. dgl.

[16] o.V.: Beschreibung des Rollform Systems - R.F.S. Technische Information 101 09 89, Firma Draftex, Viersen

[17] o.V.: Schutzrecht EP 0 449 044 A1 (02.10.1991). – Vorrichtung zum Aufdrücken einer Dichtung.

[18] o.V.: United States Patent 4,620,354 (04.11.1986). – Method of applying weatherstrip to a vehicle body opening.

[19] o.V.: Schutzrecht EP 0 253 599 A2 (21.01.1988). – Installing weather stripping in a door or like opening.

[20] o.V.: Schutzrecht DE 35 41 865 A1 (04.06.1987). – Vorrichtung zum automatischen Aufstecken eines Strangmaterials auf einen Flansch.

[21] o.V.: Schutzrecht US 5,19,154 (06.04.1993]. – Method for putting a U-section profile in place on a rim of a frame of a motor vehicle body.

[22] o.V.: United States Patent 5,274,895 (04.01.1994). – Device for the installation of a profile having a U-shaped cross section on a border of a frame of an automobile body.

[23] o.V.: Offenlegungsschrift DE 39 41 376 (21.06.1990). – Verfahren und Vorrichtung zum Befestigen einer Leiste auf einem Befestigungsflansch.

[24] o.V.:   Offenlegungsschrift DE 40 01 624 A1 (09.08.90). – Haltevorrichtung für Leisten sowie Vorrichtung zur Abgabe einer Leiste einer vorgegebenen Länge.

[25] o.V.:   Offenlegungsschrift DE 35 00 493 A1 (18.07.85). – Verfahren und Vorrichtung zum automatischen Befestigen einer Dicht- oder Abschlußleiste.

[26] o.V.:   Türdichtungsmontage Omega. Augsburg, 1989 - Versuchsbericht Firma Kuka Schweißanlagen + Roboter GmbH

[27] Diess, H.:   Rechnerunterstützte Entwicklung flexibel automatisierter Montageprozesse. Berlin u. a.: Springer, 1988. Zugl. München, Univ., Diss., 1987.

[28] Milberg, J; Hoßmann, J.:   Automatische Montage nicht formstabiler Bauteile. Montage 1/89, S. 16-24

[29] Hoßmann, J.:   Methodik zur Planung der automatischen Montage von nicht formstabilen Bauteilen. Berlin u. a.: Springer, 1992. Zugl. München, Univ., Diss., 1991

[30] Trutnovsky, K.:   Berührungsdichtungen an ruhenden und bewegten Maschinenteilen, Konstruktionsbücher, Band 17, Berlin; Heidelberg; New York: Springer Verlag, 1975

[31] Dreher, H.; Weisener T.; Vögele, G.:   Umfrage - Herstellung und Montage biegeschlaffer Teile. Studie am Fraunhofer-Institut für Produktionstechnik und Automatisierung, Stuttgart, 1994

[32] Langenbeck, K.:   Praxis des systematischen Konstruierens, Institut für Maschinenkonstruktion und Getriebebau. Vorlesungsmanuskript. Stuttgart, Universität, 1992

[33] Ramm, E.:   Stabtragwerke, Statisch unbestimmte ebene Tragwerke. Teil III Vorlesungsmanuskript. Stuttgart, Universität, 1993

[34] Ahrens, H.; Dinkler, D.:   Finite-Element-Methoden, Teil 1. Bericht Nr. 88-50 aus dem Institut für Statik der Technischen Universität Braunschweig. Braunschweig, 1988

[35] Bathe, K.-J.:   Finite-Elemente-Methoden. Deutsche Übersetzung von Peter Zimmermann. Berlin u. a.: Springer, 1990

[36] Dietmann, H.: Methoden der elastisch-plastischen Festigkeits-
berechnung. Vorlesungsmanuskript. Stuttgart, Universität, 1987

[37] Wolfram, S.: Mathematica: a system for doing mathematics by
computer. Second Edition. Redwood City: Addison-
Wesley Publishing Company, 1991

[38] Tietze, U.; Halbleiter-Schaltungstechnik. 8. Auflage. Berlin u. a.:
Schenk, Ch.: Springer, 1986

[39] Magnus, K.; Grundlagen der Technischen Mechanik. Stuttgart:
Müller, H.: Teubner, 1987

[40] Biran, A; Matlab für Ingenieure: systematische und praktische
Breiner, M.: Einführung. Bonn; Paris u. a.: Addison-Wesley, 1995

[41] Warnecke, H.-J.; Flexible Automation of Automobile Weather-Strip
Vögele, G., Assembly. In: International Conference on Automation,
Kahmeyer, M.: Robotics and Computer Vision ICARCV '94, 21.-25.
November 1994 in Singapur

IPA Forschung und Praxis
Schriftenreihe aus dem Institut für Produktionstechnik und Automatisierung, Stuttgart

Herausgeber: Prof. Dr.-Ing. Dr. h. c. mult. H.-J. Warnecke

Datenerfassung im Produktionsbereich
Von E. Bendeich. ISBN 3-7830-0117-8.
1977, 176 Seiten, kartoniert. 54,— DM

Methodenauswahl für die Materialbewirtschaftung in Maschinenbau-Betrieben
Von H. Graf. ISBN 3-7830-0136-6.
1977, 144 Seiten, kartoniert. 54,— DM

Systematische Auswahl von Förderhilfsmitteln für den innerbetrieblichen Materialfluß
Von W. Rau. ISBN 3-7830-0139-0.
1977, 103 Seiten, kartoniert. 40,— DM

Grundlagen zur Planung von Ersatzteilfertigungen
Von E. Schulz. ISBN 3-7830-0138-2.
1977, 98 Seiten, kartoniert. 40,— DM

Rechnerunterstützte Fabrikplanung
Von B. Minten. ISBN 3-7830-0116-1.
1977, 124 Seiten, kartoniert. 38,— DM

Eine Planungsmethode für automatische Montagesysteme
Von H.-G. Löhr. ISBN 3-7830-0120-X.
1977, 108 Seiten, kartoniert. 32,— DM

Planung und Bewertung von Arbeitssystemen in der Montage
Von H. Metzger. ISBN 3-7830-0131-5.
1977, 108 Seiten, kartoniert. 40,— DM

Klassifizierungssystem für Prüfmittel der industriellen Längenprüftechnik
Von R. Czetto. ISBN 3-7830-0144-7.
1978, 181 Seiten, kartoniert. 64,— DM

Rechnerunterstützte Montageplanung
Von O. Hirschbach. ISBN 3-7830-0149-8.
1978, 146 Seiten, kartoniert. 52,— DM

Rechnerunterstützte Entwicklung von Simulationsmodellen für Unternehmensplanspiele
Von A. Moker. ISBN 3-7830-0147-1.
1978, 181 Seiten, kartoniert. 64,— DM

Arbeitsplatzanalysen zur Ermittlung der Einsatzmöglichkeiten und Anforderungen an Industrieroboter
Von G. Herrmann. ISBN 37830-0151-X.
1978, 113 Seiten, kartoniert. 40,— DM

MFSP — Ein Verfahren zur Simulation komplexer Materialflußsysteme
Von G. Stemmer. ISBN 3-7830-0118-8.
1977, 140 Seiten, kartoniert. 60,— DM

Berührungslose Erkennung durch Positionsbestimmung von Objekten durch inkohärent-optische Korrelation
Von M. König. ISBN 3-7830-0137-4.
1977, 110 Seiten, kartoniert. 40,— DM

Auslegung von Störungspuffern in kapitalintensiven Fertigungslinien
Von R. v. Stetten. ISBN 3-7830-0140-4.
1977, 154 Seiten, kartoniert. 56,— DM

Flexible Transportablaufsteuerung
Von G. Römer. ISBN 3-7830-0114-5.
1977, 188 Seiten, kartoniert. 60,— DM

Rechnergestützte Realplanung von Fabrikanlagen
Von T.-K. Sauter. ISBN 3-7830-0119-6.
1977, 108 Seiten, kartoniert. 32,— DM

Systematisches Auswählen und Konzipieren von programmierbaren Handhabungsgeräten
Von R. D. Schraft. ISBN 3-7830-0115-3.
1977, 108 Seiten, kartoniert. 32,— DM

Auslandsproduktion
Von W. Cypris. ISBN 3-7830-0145-5.
1978, 126 Seiten, kartoniert. 42,— DM

Wirtschaftlicher Einsatz von Mehrkoordinatenmeßgeräten
Von M. Dietzsch. ISBN 3-7830-0148-X.
1978, 142 Seiten, kartoniert. 52,— DM

Fertigungssteuerung bei flexiblen Arbeitsstrukturen
Von K.-G. Lederer. ISBN 3-7830-0146-3.
1978, 128 Seiten, kartoniert. 42,— DM

Untersuchungen zum Polieren und Entgraten durch elektrochemisches·Oberflächenabtragen
Von K. Zerweck. ISBN 3-7830-0150-1.
1978, 110 Seiten, kartoniert. 40,— DM

IPA Forschung und Praxis

Berichte aus dem Fraunhofer-Institut für Produktionstechnik und
Automatisierung, Stuttgart, und dem Institut für Industrielle Fertigung
und Fabrikbetrieb der Universität Stuttgart

Herausgeber: Prof. Dr.-Ing. Dr. h. c. mult. H.-J. Warnecke

IPA-IAO Forschung und Praxis

Berichte aus dem Fraunhofer-Institut für Produktionstechnik und
Automatisierung (IPA), Stuttgart, Fraunhofer-Institut für Arbeitswirtschaft
und Organisation (IAO), Stuttgart, und Institut für Industrielle Fertigung
und Fabrikbetrieb der Universität Stuttgart

Herausgeber: Prof. Dr.-Ing. Dr. h. c. mult. H.-J. Warnecke und Prof. Dr.-Ing. habil. Prof. E. h. Dr. h. c. H.-J. Bullinger